民航客舱服务与管理

Civil Aviation Cabin Services and Management

主 编 黄 华 阮澎飞
副主编 徐 利 夏灵盼
　　　 赵敏喆 何依利
主 审 张欢乐

北京理工大学出版社
BEIJING INSTITUTE OF TECHNOLOGY PRESS

内容提要

本书依据空中乘务和航空服务专业职业教育教学要求编写，内容围绕客舱服务与管理的相关理论与实践而展开。本书采用项目任务制排版方式，分为六个项目，包括客舱乘务工作概述、乘务工作四阶段之预先准备阶段、乘务工作四阶段之直接准备阶段、乘务工作四阶段之飞行实施阶段、乘务工作四阶段之航后讲评阶段、客舱服务的管理。

本书可作为高等院校空中乘务、民航服务等专业的教材，也可作为民航从业人员或兴趣爱好者的参考书。

版权专有　侵权必究

图书在版编目（CIP）数据

民航客舱服务与管理 / 黄华，阮澎飞主编.--北京：北京理工大学出版社，2023.9
ISBN 978-7-5763-2892-9

Ⅰ.①民…　Ⅱ.①黄…②阮…　Ⅲ.①民用航空－旅客运输－商业服务　Ⅳ.①F560.9

中国国家版本馆CIP数据核字（2023）第175057号

责任编辑：李　薇		**文案编辑**：李　薇	
责任校对：周瑞红		**责任印制**：王美丽	

出版发行 / 北京理工大学出版社有限责任公司
社　　址 / 北京市丰台区四合庄路6号
邮　　编 / 100070
电　　话 / （010）68914026（教材售后服务热线）
　　　　　（010）68944437（课件资源服务热线）
网　　址 / http://www.bitpress.com.cn
版 印 次 / 2023年9月第1版第1次印刷
印　　刷 / 河北鑫彩博图印刷有限公司
开　　本 / 787 mm×1092 mm　1/16
印　　张 / 13
字　　数 / 276千字
定　　价 / 89.00元

图书出现印装质量问题，请拨打售后服务热线，负责调换

前言

随着我国国民经济的飞速发展和综合国力的不断增强，我国民航运输业也发展迅速，在促进国民经济增长和社会发展方面发挥着越来越重要的作用，并正逐步进入崭新的发展阶段。党的二十大报告中指出："建设现代化产业体系"，加快建设航天强国、交通强国；建设民航强国，既是更好地服务国家发展战略，满足人民美好生活需求的客观需要，也是深化民航供给侧结构性改革，提升运行效率和服务品质，支撑交通强国建设的内在要求。

民航客舱服务与管理，作为民航发展的软实力，同样扮演着相当重要的角色。优质高效的客舱服务是民航企业提高竞争力的重要途径。因此，如何以旅客的需求为中心，为旅客提供优质高效、热情周到的服务，满足旅客的出行需要，直接关系到民航企业的生存与发展。本书编者结合党的二十大报告中关于"全面贯彻党的教育方针，落实立德树人根本任务"，推进"产教融合"，"优化职业教育类型定位"，"推进教育数字化，建设全民终身学习的学习型社会、学习型大国"等相关要求，结合教育部等部门联合印发的《关于在院校实施"学历证书+若干职业技能等级证书"制度试点方案》及"1+X"证书——《空中乘务职业技能等级标准》中的机上服务职业技能要求，系统介绍了客舱乘务员岗位职责等理论知识，以及客舱服务设备与客舱环境、飞行阶段工作标准、特殊旅客服务规范与细微服务、客舱服务管理、特殊飞行注意事项等理论与实践操作，旨在培养民航业发展需要的德才兼备的高素质人才。与同类教材相比，本书特色及优势主要体现在以下几个方面。

1. 理念先进

本书由校企合作共同编写，在保持基础知识系统性、岗位技能完整性的同时，融入对学生职业素养的培养，注重学生综合能力的提高，充分体现了"产教融合、双元育人"的培养理念。

2. 体例新颖

本书采用项目—任务的编写模式，每个任务包括任务导入、知识讲解、任务实施、任务评价等。全书注重目标导向，由典型案例导入相应的任务，穿插"知识加油站""拓展阅读"等模块。

3. 内容实用

本书编写过程中重点突出客舱服务的实践操作技能，以客舱服务四个阶段的工作任务和工作流程为依据整合、安排教学内容，使学生在做中学，便于学生熟练掌握客舱服务的相关技能。

4. 案例前沿

本书选取了与客舱服务与管理相关的内容，结合民航服务中的热点、难点问题，以案例的形式进行讨论。书中的案例大多是民航运输业近年发生的真实事件、热点、焦点问题，容易引发学习者共鸣，也便于学习者进一步收集信息展开分析和讨论。

5. 资源立体

本书编排基于移动互联网技术、通过二维码或增值服务码将纸质教材与在线课程网站、教学资源库的线上线下教学资源有机衔接，从而方便读者使用。

本书由浙江育英职业技术学院黄华、阮澎飞担任主编，主要负责整体框架设计，项目1、项目2、项目4、项目5、项目6的编写以及配套资源整体建设；夏灵盼、赵敏喆、何依利担任副主编，主要负责项目4、项目6的部分编写及相关资源建设；浙江舟山群岛新区旅游与健康职业学院徐利担任副主编，主要负责项目3的编写；同时感谢亚联公务机有限公司张欢乐对本书的大力支持！

本书编写过程中参阅了众多相关书籍、文献资料和案例，并借鉴了诸多学者、行业专家以及同行的著作和研究成果，在此表示衷心的感谢！

由于编者水平有限，加之编写时间仓促，书中难免存在疏漏及不妥之处，敬请广大读者批评指正。

编 者

目 录

项目 1 客舱乘务工作概述 001

任务 1 　了解客舱乘务员 ··· 2
　1.1 　客舱乘务员的素质要求 ································· 3
　1.2 　民航乘务员国家职业技能标准 ························ 5
　1.3 　民航税务员基本要求 ···································· 6

任务 2 　了解客舱乘务工作 ····································· 9
　2.1 　服务及客舱服务 ··· 10
　2.2 　客舱服务的基本特点 ··································· 12
　2.3 　客舱服务的内容 ··· 13

项目 2 乘务工作四阶段之预先准备阶段 017

任务 1 　了解航班任务信息，做好个人准备 ············ 18
　1.1 　航班任务准备 ·· 19
　1.2 　物品准备 ··· 19
　1.3 　证件及资料准备 ··· 20
　1.4 　着装准备 ··· 21

任务 2 　准时参加航班集体准备 ····························· 23
　2.1 　签到 ·· 24
　2.2 　航前准备会 ·· 25
　2.3 　机组协同准备会 ··· 25
　2.4 　候机楼准备 ·· 28

1

项目 3
乘务工作四阶段之直接准备阶段
032

任务 1　了解机上设备名称和使用方法⋯⋯ 33
 1.1　客舱设备的组成⋯⋯ 34
 1.2　旅客服务单元（PSU）⋯⋯ 34
 1.3　客舱储藏设备⋯⋯ 36
 1.4　厨房间设备⋯⋯ 37
 1.5　卫生间设备⋯⋯ 42
 1.6　舱门⋯⋯ 46
 1.7　座椅⋯⋯ 48
 1.8　乘务员控制面板（FAP）⋯⋯ 49
 1.9　客舱照明设备⋯⋯ 50

任务 2　了解机上应急设备名称和检查方法⋯⋯ 53
 2.1　氧气瓶⋯⋯ 54
 2.2　灭火瓶⋯⋯ 56
 2.3　防烟面罩⋯⋯ 58
 2.4　应急发报机⋯⋯ 59
 2.5　客舱通信系统⋯⋯ 60
 2.6　其他应急设备⋯⋯ 61

任务 3　了解机供品⋯⋯ 69
 3.1　机供品和餐食⋯⋯ 70
 3.2　特殊餐食⋯⋯ 73

项目 4
乘务工作四阶段之飞行实施阶段
077

任务 1　迎接旅客登机⋯⋯ 78
 1.1　迎客工作⋯⋯ 79
 1.2　紧急出口座位评估⋯⋯ 83

任务 2　起飞前的服务⋯⋯ 86
 2.1　安全须知的介绍⋯⋯ 87
 2.2　起飞前安全检查⋯⋯ 90

任务3　特殊旅客服务························93
　3.1　无成人陪伴儿童······················96
　3.2　带婴儿旅客························99
　3.3　孕妇旅客与老年旅客···················102
　3.4　轮椅旅客························104
　3.5　盲人旅客和聋哑人旅客··················107
　3.6　重要旅客与犯罪嫌疑人··················109
　3.7　晕机旅客·························111

任务4　机上供餐供饮························113
　4.1　餐前准备·························115
　4.2　饮料服务·························119
　4.3　特殊餐食服务······················124
　4.4　机上娱乐系统······················127

任务5　CIQ知识及免税商品销售···················131
　5.1　CIQ知识·························132
　5.2　中国CIQ规定······················132

任务6　欢送旅客下机························136
　6.1　送客服务要点······················137
　6.2　遗留物品的清点与交接··················138

项目5 乘务工作四阶段之航后讲评阶段 142

任务1　了解航后讲评························143
　1.1　讲评会内容·························144
　1.2　讲评的重要性······················144

任务2　航后讲评··························146
　2.1　机组讲评·························147
　2.2　乘务组讲评························147

项目 6
客舱服务的管理
150

任务 1　了解客舱资源的管理……………………151
 1.1　客舱灯光的控制与注意事项…………151
 1.2　客舱温度的调控………………………152
 1.3　机内广播的管理………………………152
 1.4　客舱物品的保管原则…………………153
任务 2　了解客舱人员的管理……………………154
 2.1　旅客服务管理…………………………155
 2.2　乘务员的管理…………………………158
 2.3　飞行机组的服务………………………159
任务 3　了解颠簸处置……………………………162
 3.1　颠簸的分类及处置……………………163
 3.2　颠簸处置程序及操作细则……………164

附　录
167

附录一　《公共航空运输旅客服务管理规定》…168
附录二　常见民航公共信息标志图形符号………180
附录三　国内主要城市及机场三字代码…………188
附录四　国际主要城市及机场三字代码…………190
附录五　《中华人民共和国民用航空安全保卫条例》
　　　　……………………………………………192

参考文献……………………………………………198

项目 1
客舱乘务工作概述

项目导入

课件：空中乘务工作概述

客舱乘务员英文名称为 cabin attendant、cabin crew 或 flight attendant，是指在客舱里负责执行客舱服务和具有安全保护职责的专业人员。客舱乘务员作为航空公司服务的重要一环，承担着保障航班安全、提供优质服务和满足旅客需求的重要责任。在本项目中，我们将以"空中乘务工作概述"为主题，为大家介绍客舱乘务员的工作内容、职责要求、技能素质及职业发展方向等方面的知识。我们将从历史角度出发，讲述客舱乘务员这一职业的发展历程和演变，深入探讨客舱乘务员的具体工作内容和服务流程，介绍乘务员的职业标准和技能要求，以及如何应对各种紧急情况。通过本项目的学习，我们将对客舱乘务员这一职业有一个全面的了解，为后续的学习打下坚实基础。

任务1　了解客舱乘务员

知识目标

1. 掌握客舱乘务员在航空公司中所处的重要位置；
2. 掌握客舱乘务员的工作职责；
3. 了解成为一名客舱乘务员的业务能力要求。

能力目标

1. 能够理解客舱乘务员的职业概述、工作内容和职责要求等基本知识；
2. 能够理解客舱乘务员在服务中需要具备的技能和素质要求；
3. 能够理解客舱乘务员的职业发展方向和相关的培训、晋升要求等，为自身的职业发展规划提供参考。

素养目标

1. 培养细心严谨的职业品质；
2. 培养高度尽责的安全意识；
3. 培养爱岗敬业、乐于助人的精神。

任务导入

世界上首批"空姐"的故事

"空姐"是"空中小姐"的简称，而"空中小姐"最早出现于1930年3月。早在1914年2月，世界上就有了首次航班。1919年6月12日至15日，出现了第一次国际飞行。自1919年8月25日起，定期国际航班开始通航。但在长达2年的时间里，飞机上的旅客一直是副驾驶员负责照顾的。

1930年5月，美国波音公司驻旧金山董事史蒂夫·斯迁柏森有一天去一家医院探望朋友，随后同该医院护士艾伦·丘奇小姐聊天。艾伦好奇地向他询问飞机上的有关情况，史蒂夫却遗憾地表示：由于旅客对飞机的性能不了解，为了安全起见，他们喜欢坐火车而不愿意坐飞机，即使飞机上的旅客不多，也是什么样的人都有，需要各种服务，副驾驶员一个人实在忙不过来。艾伦不由得想起她所照顾的那些病人，便脱口而出:"你们怎么不使用一些女乘务员来从事这些服务呢?姑娘们的天性,是可以改变这一现状的。"随后,史蒂夫给波音公司主席的年轻助手帕特发了一封电报,提议招聘一些聪明漂亮的姑娘充当机上乘务员,还给她们起了个美名——"空中小姐"。

公司主席很快便采纳了史蒂夫的意见,还授权他先招了8位姑娘,建立一个服务机组。史蒂夫将这一消息告诉了艾伦小姐,艾伦高兴地将这一消息转告给了其他护士。于是,经过一系列培训,艾伦和7位护士登上了民航飞机,并于5月15日在旧金山至芝加哥的航线上进行飞行服务,从而成为全世界第一批"空中小姐"(图1-1)。

从那时起,客舱乘务员的职业开始逐渐发展壮大,并且在全球范围内得到了广泛的认可和接受,"空姐"也便迅速发展为全球性的新兴职业。

中国首批"空姐"是1955年年底,中国民航局在全北京市各个中学里,秘密精挑细选招收的,共计16名。加上原来从军队复员到民航的两名女战士张素梅和寇秀蓉,共计18人,后被戏称为中国第一代空中十八姐妹(图1-2)。

当时,"空姐"是神秘、庄严的象征。当时由于飞机性能的落后,空姐的工作十分艰苦,做好服务是一种政治任务。从一种可望而不可即的威严职业,到今天空乘服务人员的大众化,人们对空乘服务人员的定位发生了深刻变化。

思考:你眼中的空姐是什么样子的?你了解空姐的工作吗?

图1-1 全世界第一批"空中小姐"   图1-2 中国首批"空中小姐"

知识讲解

1.1 客舱乘务员的素质要求

1. 优秀的身体素质

作为一项高强度的职业,客舱乘务员需要具备较好的身体素质,以保证在长时间的飞行任务中能够保持良好的状态。客舱乘务员需要具备足够的耐力和体力,能够胜任长途飞行和高强度的工作任务。客舱乘务员的工作时间长、任务繁重，需要在高空环境中长时间工作，经常面临各种紧急情况和不可预见的突发事件；如果身体素质不佳，很难保持足够的体力和耐力应对各种复杂情况，还容易导致疲劳和健康问题，影响工作效率和质量。

此外，客舱乘务员的工作还需要经常弯腰、俯身、抬举重物等，如果身体素质不佳，容易引发身体不适和意外伤害。因此，优秀的身体素质是客舱乘务员顺利完成工作的基本要求，航空公司在招聘和培训客舱乘务员时，也会对身体素质进行严格的测试和考核，确保客舱乘务员的身体健康。

2. 良好的心理素质

客舱乘务员的工作环境往往充满了压力和不确定性，需要面对各种各样的紧急情况和突发事件，如紧急迫降、飞机故障、恐怖袭击、疾病传播等。如果客舱乘务员缺乏良好的心理素质，可能会在关键时刻失去冷静和应对能力，进而对旅客和机组人员的安全产生不利影响。

与此同时，客舱乘务员需要长时间面对紧张的工作环境和频繁的时差变化，加之长时间的空中工作和高空缺氧等因素的影响，会对他们的身心健康产生一定的影响；如果缺乏良好的心理素质，可能会在工作中出现焦虑、抑郁等情况，进而影响工作质量和航班安全。

3. 较强的语言表达能力

客舱乘务员在工作中需要与旅客、机组人员及地勤人员进行沟通和协调，需要在短时间内准确地理解和传达各种信息，包括安全指示、服务要求、紧急情况等，而且还要应对各种语言和文化背景的旅客。良好的语言表达能力可以帮助客舱乘务员更加清晰地表达自己的意思，避免出现歧义或误解；同时也能更好地理解旅客的需求和意见，提供更加周到的服务。

除此之外，客舱乘务员需要掌握至少一门国际通用语言（如英语），以便与外籍旅客进行有效的沟通。良好的语言能力不仅可以增强客舱乘务员与旅客之间的沟通，还可以提高客舱乘务员在航空公司中的职业竞争力。

4. 出色的团队合作能力

航班中涉及的工作任务是高度协作性的。例如，客舱乘务员需要在限定的时间内完成旅客的登机工作、安全演示、服务餐食、协助旅客安全就座等多个任务，这些任务的完成都需要团队合作完成。此外，如果在航班中出现了紧急情况或者突发事件，需要所有的乘务员密切协作，采取协同行动，做出最佳的处理方案以确保旅客的安全。因此，客舱乘务员需要具备出色的团队合作能力，才能够更好地完成工作，保障旅客的安全和舒适。

1.2 民航乘务员国家职业技能标准

2019年12月17日人社厅发〔2019〕110号文《人力资源社会保障部办公厅 中国民用航空局综合司关于颁布民航乘务员等3个国家职业技能标准的通知》（以下简称《标准》）。根据《中华人民共和国劳动法》有关规定，人力资源社会保障部、民航局共同制定了民航乘务员国家职业技能标准。

1. 职业概况

民航乘务员是从事民用航空器客舱安全管理和客舱服务工作的人员，承担保卫民航客舱安全职责，包括处置恐怖袭击、客舱失火、空中颠簸、旅客机上突发疾病等典型不安全事件和紧急事件。

本职业共设五个等级，分别为五级/初级工、四级/中级工、三级/高级工、二级/技师、一级/高级技师。

民航乘务员的职业环境条件为民用航空器机舱内、常温、高空、低气压。

民航乘务员的职业能力特征为具有较强的观察、分析、判断和表达能力；具有一定的方位感、空间感；知觉、嗅觉、听觉等感觉器官灵敏；四肢灵活，动作协调；身体健康。

2. 申报条件

（1）具备以下条件之一者，可申报五级/初级工：

1）从事本职业或相关职业工作1年（含）以上。

2）本职业学徒期满。

（2）具备以下条件之一者，可申报四级/中级工：

1）取得本职业五级/初级工职业资格证书（技能等级证书）后，累计从事本职业工作4年（含）以上。

2）累计从事本职业工作6年（含）以上。

（3）具备以下条件之一者，可申报三级/高级工：

1）取得本职业四级/中级工职业资格证书（技能等级证书）后，累计从事本职业工作5年（含）以上。

2）具有大专及以上本专业或相关专业毕业证书，并取得本职业四级/中级工职业资格证书（技能等级证书）后，累计从事本职业工作2年（含）以上。

（4）具备以下条件者，可申报二级/技师：取得本职业三级/高级工技能职业资格证书（技能等级证书）后，累计从事本职业工作4年（含）以上。

（5）具备以下条件者，可申报一级/高级技师：取得本职业二级/技师职业资格证书（技能等级证书）后，累计从事本职业工作4年（含）以上。

3. 鉴定方式

鉴定方式分为理论知识考试、技能考核及综合评审。理论知识考试以笔试、机考等方式为主,主要考核从业人员从事本职业应掌握的基本要求和相关知识要求;技能考核主要采用现场操作、模拟操作等方式进行,主要考核从业人员从事本职业应具备的技能水平;综合评审主要针对技师和高级技师,通常采取审阅申报材料、答辩等方式进行全面评议和审查。

理论知识考试、技能考核和综合评审均实行百分制,成绩皆达 60 分(含)以上者为合格。

4. 监考人员、考评人员与考生配比

理论知识考试中的监考人员与考生配比为 1∶15,每个标准教室不少于 2 名监考人员;服务操作技能考核中的考评人员与考生配比不低于 1∶2,应急操作技能考核中的考评人员与考生配比不低于 1∶3,且考评人员为 3 人(含)以上单数;综合评审委员为 3 人(含)以上单数。

5. 鉴定时间

理论知识考试时间不少于 90 min;技能考核时间:在乘务模拟舱实施考核不少于 30 min,在标准教室实施考核不少于 90 min;综合评审时间不少于 30 min。

6. 鉴定场所设备

理论知识考试在标准教室进行;技能考核在经中国民用航空局批准的客舱模拟器和出口模拟器,客舱服务模拟舱或标准教室进行。

乘务组及乘务岗位职责

1.3　民航乘务员基本要求

1. 职业守则

遵纪守法,诚实守信;爱岗敬业,忠于职守;保证安全,优质服务;钻研业务,提高技能;团结友爱,协作配合。

2. 基础知识

(1)民用航空及主要航空公司概况:中国民用航空概况、中国主要航空公司(集团)概况、国际民航组织概况、国际航空运输概况、世界主要航空联盟和航空公司概况。

(2)航空知识:航空术语、飞行基础知识、航空气象基础知识、航空卫生基础知识。

(3)宗教常识:基督教基本知识、佛教基本知识、伊斯兰教基本知识、犹太教基

本知识、印度教基本知识。

（4）各地礼俗：中国少数民族的风俗习惯，主要通航国家的风俗习惯，主要通航国家的饮食习惯，主要通航国家的国花、国鸟、国树等，主要通航国家的重要节日。

（5）礼仪知识：礼仪概述、职业仪容仪表要求、职业行为举止要求。

（6）民航服务心理常识：民航服务心理学概要、旅客心理需要与服务、民航乘务员心理素质的培养。

（7）机组资源管理常识：人为因素概述、机组资源管理概述、差错管理及预防对策。

（8）航空运输相关规定：《航班正常管理规定》《中国民用航空危险品运输管理规定》《公共航空运输旅客服务管理规定》。

（9）民航乘务基本工作术语：民航乘务工作常用术语、乘务专业英文代码的含义、乘务专业常用词汇中英文对照。

（10）相关法律、法规知识：《中华人民共和国劳动法》相关知识、《中华人民共和国劳动合同法》相关知识、《中华人民共和国民用航空法》相关知识、《中华人民共和国民用航空安全保卫条例》相关知识、《大型飞机公共航空运输承运人运行合格审定规则》（CCAR-121-R5）相关规章。

3. 工作要求

对五级/初级工、四级/中级工、三级/高级工、二级/技师、一级/高级技师的技能要求和相关知识要求要依次递进，高级别要求涵盖低级别的要求。

知识加油站

客舱乘务员礼仪规范

客舱乘务员的礼仪规范，主要是指客舱乘务员在乘务工作中表现出来的站立、行走、动作、姿态。客舱乘务员的礼仪规范体现了一名乘务员的性格和心理，反映乘务员的文明程度和心理状态，它是旅客评价乘务员态度和航空公司面貌的重要指标之一。

1. 客舱乘务员的仪态礼仪

客舱乘务员展现的仪态仪表应当做到：仪容整洁，举止大方，端庄稳重，不卑不亢，态度诚恳，待人亲切，服饰整洁，打扮得体，彬彬有礼。

（1）站姿要保持身直、挺胸、两肩平正，要给旅客留下挺拔、舒缓、健美的印象。

（2）行姿要"轻、稳、灵"，不要给旅客留下忙乱无章、慌慌张张的感觉。

（3）坐姿要稳，身体稍微前倾，并注意手脚的摆放位置，并给予旅客足够的尊重。

2. 客舱乘务员的言谈举止礼仪

（1）运用语言交流时，应尽量合乎交流双方的特点，如性格、文化、心理、年龄、知识面和习惯等，要谦虚、谨慎、自律，三思而后行。

（2）客舱乘务员应在日常的行为举止中注意培养动作的优雅性，以提升旅客的满意度。

3. 客舱乘务员的接待礼仪

接待礼仪是旅客对客舱乘务员的服务进行评价的重要因素，做好接待服务，是提高空乘服务质量的第一步。

4. 客舱乘务员的餐饮礼仪

餐饮礼仪分为中餐礼仪和西餐礼仪，乘务员应掌握正确的餐饮礼仪，为旅客提供更优质的服务。

5. 客舱乘务员的涉外礼仪

客舱乘务员在接待外国旅客时，不仅有必要了解和掌握涉外礼仪通用原则，还必须在实际工作中认真地遵守、运用涉外礼仪通用原则。

6. 客舱乘务员的习俗礼仪

为了提供良好的服务，避免引起不必要的误会，每个客舱乘务员都要尊重并掌握各国、各民族的宗教信仰、节日礼俗、礼俗禁忌和交往礼仪。

客舱乘务员的行为大方文雅、热情庄重，能使旅客内心深处产生良好的感觉，使旅客愿意乘坐本次航班，使航空公司拥有大量的回头客。为了满足不同服务对象的服务需求，客舱乘务员需要注重自身的礼仪规范，不断提高自身的文化修养。

任务实施

实施步骤：

步骤一：主题发布——要想成为一名合格的乘务员，应具备哪些素质？

步骤二：任务实施——以 6～8 人为一组，分组进行讨论。

步骤三：讨论后小组派代表发言，其他组和教师作为评委对发言小组打分，最后教师点评，综合打分情况，评出最佳表现组。

任务评价

请根据表 1-1 对上述任务实施的结果进行评价。

表 1-1　任务实施评价表

评价内容	分值	评分	备注
小组讨论组织得当、气氛活跃	30		
熟练掌握客舱乘务员的岗位职责	30		
熟练掌握民航客舱乘务员的职业技能标准	40		
合计	100		

任务 2　了解客舱乘务工作特点

知识目标
1. 熟悉乘务工作的性质和要求；
2. 掌握客舱乘务员的工作职责内容。

能力目标
能够理解客舱乘务员的工作内容和职责要求等基本知识。

素养目标
1. 培养高度尽责的安全意识；
2. 培养以客为尊的服务理念；
3. 培养积极阳光的心理素质。

任务导入

追梦蓝天

这是一篇即将加入空乘行业的日记：

我即将开始人生中的新篇章——成为一名空乘。虽然这份工作需要拥有良好的身体素质和强大的内心，但是我对这个职业充满热爱和敬畏。我相信，这份工作不仅能让我周游世界，还能让我体验到前所未有的冒险和挑战。

我了解到，空乘的工作可能会很单调，但是我相信每一次飞行都会带给我不同的体验和感受。我已经做好了为这份工作付出努力和牺牲的准备，无论是身体还是心理。

我知道，在这个行业里，面临的挑战可能会让我有压力和疲惫感，但是我相信我有足够的耐心和毅力去克服它们。我期待着和我的同事一起工作，为旅客提供优质的服务和体验。

我相信，这份工作会带给我许多美好的回忆和经历，我迫不及待地想要开始我的新生活。我感到非常幸运和兴奋，能够成为这个行业的一员，我会全力以赴、努力工作，为这个行业做出贡献。

思考：你眼中的空乘是什么样子的？你了解空乘的工作吗？

知识讲解

2.1 服务及客舱服务

1. 服务

每个人对"服务"一词都不会陌生，但如果要回答"什么是服务"，可能没有几个人能说得清楚。服务的概念是服务理论研究的逻辑起点，其重要性不言而喻。很多学者都试图解释"服务是什么"，给它下过定义，但由于服务是看不到、摸不着的东西，而且应用的范围也越来越广泛，所以直到今天，还没有一个权威的定义能被人们普遍接受。在古代，"服务"是"侍候，服侍"的意思，随着时代的发展，"服务"不断被赋予新意，如今"服务"已成为整个社会建立人际关系不可或缺的基础。

社会学意义上的服务，是指为他人、集体的利益而工作或为某种事业而工作。经济学意义上的服务，是指以等价交换的形式，为满足企业、公共团体或其他社会公众的需要而提供的劳务活动，它通常与有形的产品联系在一起。

1960 年，美国市场营销协会（AMA）给"服务"下的定义："用于出售或者是同产品连在一起进行出售的活动、利益或满足感。"这一定义在此后的很多年里一直被人们广泛采用。

1974 年，斯坦通（Stanton）指出："服务是一种特殊的无形活动。它向顾客或工业用户提供所需的满足感，它与其他产品销售和其他服务并无必然联系。"

1983 年，莱特南（Lehtinen）给"服务"下的定义："服务是与某个中介人或机器设备相互作用并为消费者提供满足的一种或一系列活动。"

1990 年，格鲁诺斯（Gronroos）给"服务"下的定义："服务是以无形的方式，在顾客与服务职员、有形资源等产品或服务系统之间发生的，可以解决顾客问题的一种或一系列行为。"

当代市场营销学泰斗菲利普·科特勒（Philip Kotler）给"服务"下的定义："一方提供给另一方的不可感知且不导致任何所有权转移的活动或利益，它在本质上是无形的，它的生产可能与实际产品有关，也可能无关。"

可见，经济学家定义"服务"的视角一般有四种：其一是将服务等同于劳务；其二是将服务等同于服务接受者自身或其物品的变化；其三是将服务看成一种效用，是导致服务接受者或其所有物产生变化的原因；其四是认为服务无非是某种使用价值发挥效用，而不管这种使用价值是商品还是劳动。

2. 客舱服务

客舱服务是指在特殊环境下为特殊群体提供的服务。

从狭义的角度看，客舱服务属于一种企业经济行为的范畴，但对服务品质的体现已经无法限定范围。就客舱服务的具体行为而言，客舱服务是按照民航服务的内容、规范要求，以满足旅客需求为目标，为航班旅客提供服务的过程。对客舱服务的这种理解，强调空中乘务是一个规范性的服务职业，体现了客舱服务作为服务行业的基本特征。很明显，对客舱服务狭义的理解无法涵盖客舱服务的全貌与本质，更无法体现客舱服务至高无上的特点。

从广义的角度看，客舱服务是以客舱为服务场所，以个人影响力与展示性为特征，将有形的技术服务与无形的情感传递融为一体的综合性活动。这一定义既强调了客舱服务的技术性，又强调了客舱服务过程中所不可缺少的情感表达及内心的沟通与互动，而对客舱服务人员的个人素质与外在形象的特殊要求，以及在服务过程中所表现出的亲和力与个人魅力，也包含在服务的内容之中。

客舱服务高雅、清新等光环，也恰恰体现在客舱服务的特质以及服务本身的外延性所体现的意境中，同时决定了客舱服务的职业定位与职业发展趋势。

2.2 客舱服务的基本特点

与其他服务相比，客舱服务具有以下特点。

1. 安全责任重大

由于航空运行的特殊性决定了航空企业的安全责任，所以确保飞行安全是航空公司的生命，是航空公司开展工作的首要目标。客舱安全作为飞行安全的一个重要组成部分，是飞行安全的基本保证。

乘务员作为客舱服务的实施者，肩负着客舱内部安全以及对旅客进行安全管理的重任。乘务组的首要职责是确保客舱的运行安全，这也是客舱服务的基本要求。

2. 服务环境特殊

客舱服务是在飞机客舱中进行的，飞机客舱空间相对狭小，设施功能特殊，使得飞机上的客舱服务有别于其他服务行业。

客舱空间狭小使人们在飞机上的活动不能随心所欲；飞机所携带的服务用具数量有限，尺寸也需要定制。如何利用有限的资源和空间为旅客提供优质的服务，对乘务员来说是极大的挑战，所以要求乘务员具备能够适应特殊环境的能力。

3. 服务规范性强

客舱服务既有国家规定的服务标准，又必须达到民航安全运行的要求，例如，为旅客提供饮料时都有严格的标准；客舱乘务员在客舱推拉餐车时应注意地面可能出现的障碍；旅客行李的摆放既要安全又要有序。飞机上的各种设施都与安全密切相关，这就要求乘务员的操作要严谨、规范，避免操作失误导致安全事故。

4. 注重个性化服务

航班中有不同层次的旅客，既有经常乘坐飞机的商务旅客，又有初次乘机的旅游团队。乘务员应该根据不同层次、不同要求、不同地区、不同国籍的旅客提供个性化服务。

近年来，各航空公司为提高竞争力，不断优化客舱服务程序，在服务的细微之处精益求精。各航空公司结合自身特点，推出了多种多样的特色服务；同时，注重个性化服务，即针对旅客自身的不同情况提供相应的服务。

这些个性化服务是提升服务品质的关键。

5. 突发情况处置

飞机在高空飞行时，一旦发生紧急情况，更需要乘务员的应变能力和处置能力。由于飞行环境、服务对象及服务过程的特殊性，服务过程中可能出现复杂多变的情况和突发事件，这就要求乘务员临危不惧，果敢坚定；善于发现问题，果断处理问题；

具有灵活的沟通能力和应变能力，有效地与不同旅客进行沟通。

综上所述，客舱服务要求乘务员具有较高的综合素质。

2.3 客舱服务的内容

1. 具体内容

（1）硬件服务。航空公司提供给旅客的空中的硬件服务，包括提供的餐饮服务、机供品（书报杂志、毛毯、洗漱品等）服务、视频（音频）服务、客舱环境、客舱设备、座椅舒适（度）等。

（2）软件服务。软件服务主要指一种高层次的服务，其内容包括服务的仪容仪表、气质风度、精神服务、文明礼貌语言及处理客舱矛盾的艺术和紧急情况下的处置等。

2. 服务流程

从服务流程上，客舱服务包括迎客服务→广播服务（按需）→安全介绍→报纸杂志→餐饮服务→入境、海关单发放（国际）→免税品销售（国际）→目的地景点信息告知→落地送客服务。

3. 舱位服务

从飞机舱位类型上，客舱服务可分为头等舱服务（F）、公务舱服务（B）和经济舱服务（E）。

拓展阅读

始终保持同人民群众的血肉联系

习近平总书记在党的二十大报告中指出，"全党要坚持全心全意为人民服务的根本宗旨""始终保持同人民群众的血肉联系，始终接受人民批评和监督，始终同人民同呼吸、共命运、心连心"。深入学习宣传贯彻党的二十大精神，始终保持同人民群众的血肉联系，对于在新时代新征程上奋力谱写全面建设社会主义现代化国家崭新篇章，全面推进中华民族伟大复兴具有十分重要的意义。

始终保持同人民群众的血肉联系，是马克思主义政党的本质要求。中国共产党是以"为中国人民谋幸福、为中华民族谋复兴"为初心使命，以"全心全意为人民服务"为根本宗旨的马克思主义政党。人民利益是党一切活动的出发点和落脚点。除了最广大人民的利益，党没有自己特殊的利益。只有始终坚持唯物史观，始终保持同人民群众的血肉联系，把尊重社会发展规律与尊重人民历史主体地位统一起来，把为崇高理想奋斗与为最广大人民谋利益统一起来，把完成党的各项工作与实现人民利益统一起来，才能不断实现人民群众对美好生活的向往，充分体现为民造福这一立党为公、执政为民的本质要求。

始终保持同人民群众的血肉联系，是巩固党长期执政地位的关键所在。习近平总书记指出："我们党要做到长期执政，就必须永远保持同人民群众的血肉联系。"江山就是人民，人民就是江山。中国共产党领导人民打江山、守江山，守的是人民的心。人民拥护和支持是党执政的最牢固根基。只有始终保持同人民群众的血肉联系，坚持与人民群众同呼吸共命运的立场，以及党顺民意、谋民利、得民心的理论路线和方针政策及全部工作，才能在实践中转化为人民群众实实在在的利益，让全体人民有更多、更直接、更实在的获得感、幸福感、安全感，不断实现好、维护好、发展好最广大人民的根本利益。只有始终保持同人民群众的血肉联系，我们党才能始终赢得人民群众的支持和拥护，不断厚植执政的群众基础，巩固党的长期执政地位，永远立于不败之地。

始终保持同人民群众的血肉联系，是党战胜各种困难和风险、不断取得事业成功的根本保证。党的根基在人民、血脉在人民、力量在人民。党的历史是一部紧紧依靠人民群众不断推动党的事业从胜利走向新的胜利的奋斗史。无论是革命战争还是现代化建设，都必须依靠人民群众。人民群众是建设中国特色社会主义事业的主体，是决定我国前途命运的根本力量。改革开放以来特别是党的十八大以来，党和国家事业之所以取得历史性成就，发生历史性变革，就是因为这个事业赢得了亿万人民的拥护、支持和参与。新时代，党带领人民进行的全面建设社会主义现代化国家、全面推进中华民族伟大复兴的伟大事业，是由全体人民参与，为中国人民谋幸福的宏伟事业。要最终完成这个伟业，没有亿万人民聪明才智的充分发挥，没有亿万人民的热情支持和衷心拥护，没有亿万人民的忘我劳动和开拓进取是根本不可能的，这需要动员起亿万人民群众，凝聚成一往无前的力量，推动中华民族伟大复兴的航船乘风破浪、扬帆远航。

今天，党领导人民已踏上实现第二个百年奋斗目标新的赶考之路，我们必须弘扬党的光荣传统和优良作风，更加自觉地深入贯彻党的根本宗旨和群众路线，团结亿万人民，为全面建设社会主义现代化国家、全面推进中华民族伟大复兴而努力奋斗。

任务实施

情境模拟：
教师事先准备好若干问题，然后组织学生分成三组进行客舱乘务员知识竞答。

实施步骤：
步骤一：主题发布——结合自身，谈谈你和客舱乘务员之间的差距有哪些。
步骤二：任务实施——以 6～8 人为一组，分组进行讨论。
步骤三：讨论后小组派代表发言，其他组和教师作为评委对发言小组打分，最后教师点评，综合打分情况，评出最佳表现组。

任务评价

请根据表 1-2 对上述任务实施的结果进行评价。

表 1-2　任务实施评价表

评价内容	分值	评分	备注
小组讨论组织得当、气氛活跃	30		
有自己的观点，陈述清晰、逻辑性强	40		
熟练掌握民航乘务员的基本素质	30		
合计	100		

项目总结

客舱服务就是通过优良的硬件设施和乘务员优质服务两者的有机结合,为旅客提供温馨服务。本项目主要介绍空中乘务工作概述,了解客舱乘务的工作特点。

思考与练习

一、填空题

1. _____是从事民用航空器客舱安全管理和客舱服务工作的人员,承担保卫民航客舱安全职责。
2. 民航乘务员的职业技能鉴定方式分为_____、_____及_____。
3. _____是指在特殊环境下为特殊群体提供的服务。
4. 从飞机舱位类型上,客舱服务可分为_____、_____和_____。

二、选择题

1. 下列选项中,不属于客舱服务的特点是(　　)。
   A. 安全责任重大　　　　　　B. 服务环境特殊
   C. 服务内容简单　　　　　　D. 对乘务员的素质要求高
2. (　　)是指乘务员登机后到旅客登机前的阶段,直接关系到空中乘务工作的有效实施和服务质量。
   A. 预先准备阶段　　　　　　B. 直接准备阶段
   C. 空中实施阶段　　　　　　D. 航后讲评阶段
3. (　　)是乘务组的负责人,负责组织领导客舱服务工作。
   A. 乘务长　　B. 机长　　C. 广播员　　D. 乘务员
4. 为旅客提供餐饮服务是在客舱服务的(　　)。
   A. 预先准备阶段　　　　　　B. 直接准备阶段
   C. 空中实施阶段　　　　　　D. 航后讲评阶段

三、简答题

1. 简述客舱服务的定义。
2. 简述客舱服务的基本特点,请举例说明。
3. 客舱乘务员的素质要求有哪些?
4. 民航乘务员的职业技能申报条件有哪些?

项目 2
乘务工作四阶段之预先准备阶段

项目导入

课件：预先准备阶段

乘务工作分为四个阶段（预先准备、直接准备、飞行实施和航后讲评），其中，乘务工作四阶段之预先准备阶段是乘务工作四个阶段的起始阶段，是指乘务员接受航班任务后至登机的过程。良好的预先准备是顺利执行航班任务的有效保障。乘务工作四阶段之预先准备阶段包括乘务员个人飞行准备和乘务组（集体）飞行准备。

任务 1　了解航班任务信息，做好个人准备

知识目标
1. 了解客舱乘务员个人准备工作内容与要求；
2. 掌握个人准备必须了解的相关信息。

能力目标
1. 能够根据要求查找航班相关信息；
2. 能够准确查找业务资料；
3. 能够根据要求备齐个人物品及证件。

素养目标
1. 培养细心、严谨的职业品质；
2. 树立主动自觉的意识；
3. 培养规范执行、一丝不苟的爱岗敬业精神。

任务导入

我要飞国际航班啦！

今天的航班是小赵执飞的第一趟国际航班，她收到航班任务后，便早早开始了该趟航班资料的查询。例如：目的地的相关信息、该国的出入境检验检疫（CIQ）要求、国际航班的服务流程、乘务组员的信息等。在航前准备会中，作为第一次执飞国际航班的她准确地回答了乘务长提出的各类问题，并根据自己在网上查询的资料分享了相关信息。其专业认真的态度获得了同事们的一致点赞。

思考：你知道执行航班任务需要进行哪些准备吗？

知识讲解

乘务员的个人准备对航班运行的质量起到关键的作用，是乘务员飞行前准备阶段的第一项工作，是执行航班任务的起点。

每日航班任务不是一成不变的，所以需要乘务员在 21 点，登录航前准备系统网站，确认本人是否有后续的或临时变更的航班任务，如果第二天有航班任务，必须及

时完成航前准备，并为第二天的飞行任务做好各项准备工作。需要确认的内容包括所执行航班的航班号、飞机型号、飞行日期、飞行时长、航线特点、组员名字、旅客情况等。

1.1 航班任务准备

（1）航空公司一般在一个月或一周前发布具体的航班计划，主要内容包括机型、航班时刻、执飞机组成员名单、起降机场等信息。通过网上准备，乘务员能够有针对性地进行业务资料的查找和收集。

（2）打开公司客舱网，进入客舱网首页，完成个人登录；确认航班，每天21点登录航前准备网站，确认自己的航班任务信息，如有变动应提前做好准备工作。

（3）单击"乘务准备系统"，再单击"网上准备"，开始准备；在航班起飞前48小时至起飞前12小时之间，乘务员应完成不少于30分钟的网上准备。

（4）依次单击网上准备的内容，除掌握航班计划任务外，还要了解飞行专业术语、最新的业务标准、安全规定和飞行注意事项，要复习航线知识、机型知识、掌握机型客舱布局、设备的使用方法、服务程序、岗位职责、特殊旅客服务，要回顾安全规章等内容。所执行航班飞行前一天晚上必须完成航前准备内容和网上考核。

航班任务准备如图2-1所示。

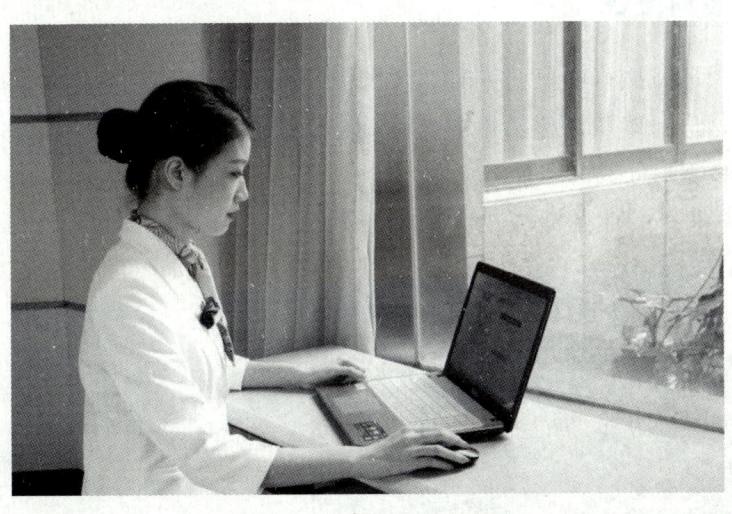

图2-1 航班任务准备

1.2 物品准备

（1）准备化妆品，检查种类是否齐全。
（2）检查手表，确认它处于正常工作状态。

（3）确认必须在航班中飞行箱内携带的物品：备份隐形眼镜、手电筒、围裙、中跟皮鞋等。

（4）广播词、实用操作手册、飞行记录本和笔。

（5）按照航班任务要求，使用飞行包、飞行箱和衣袋等箱包。

（6）其他相关备用品。

各种物品如图2-2所示。

图2-2　物品准备

1.3　证件及资料准备

证件是指乘务员执行航班任务时必须携带的有效证件。乘务员在执行航班任务前要对携带的证件进行确认，包括"中国民航空勤登机证、民用航空人员体检合格证、中国民用航空客舱乘务员训练合格证"。

乘务员要携带最新业务资料、最新的广播手册、"乘务员三证"[登机证（图2-3）、体检合格证（图2-4）、乘务员训练合格证等（图2-5）]，佩戴姓名牌（图2-6）。

对于证件，还需要注意证件的有效期。

图2-3　中国民航空勤登机证　　　图2-4　民用航空人员体检合格证

图 2-5　飞行所需个人证件

飞行所需的部分资料和物品如图 2-7 所示。

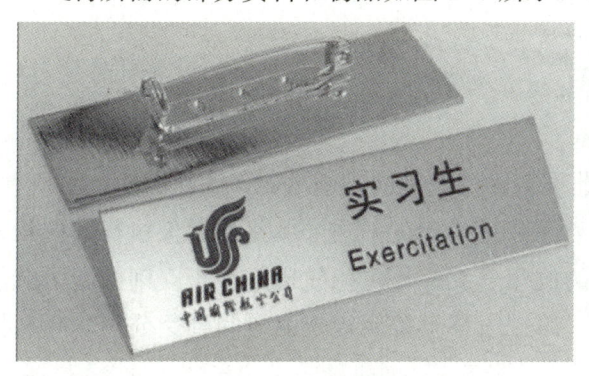

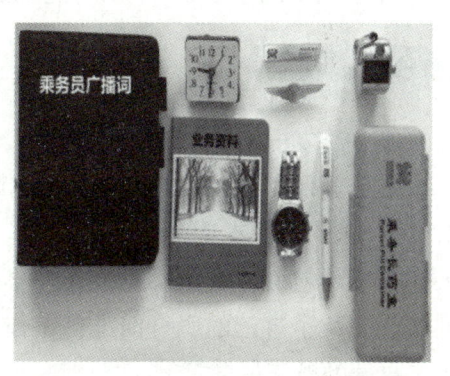

图 2-6　姓名牌　　　　　图 2-7　飞行所需的部分资料和物品

1.4　着装准备

乘务员的制服要保持平整清洁，按照航班形象规范要求进行仪容仪表准备，体现亮丽大方、端庄规范（图 2-8）。

（1）熨烫制服、丝巾、围裙等，将制服整齐有序地整理并挂好。

（2）将整洁挺阔无皱褶的衬衣、马甲、西装、裙子，无破损无污染的长筒袜等放入飞行箱。

（3）将中跟皮鞋（平底鞋）、备用丝袜、手套、针线包及围裙等放入飞行箱（图 2-9、图 2-10）。

图 2-8　职业形象准备

图 2-9　客舱女乘制服鞋　　　　图 2-10　客舱男乘制服鞋

综上所述，通过了解航班任务信息，提前做好个人准备。由于整个航空公司运力的调配、航班的取消和增补、乘务员人力的调配等各种原因，乘务员的航班任务不是每人每天固定不变的，要树立主动自觉的意识，需要每天自觉在规定时间内确认自己的航班，做好航前学习和准备工作，才能最终确保顺利地执行航班任务，航空公司也不会因为个人的漏飞而影响所有连线的航班运行。

任务实施

情境模拟：

小李每天晚上睡觉前都会登录航前准备网站，确认航前准备，这次她也一如既往，21 点，她准时登录了航前准备网站，看了一下自己的航班。本来是后天执行的杭州—天津—杭州航班，变成了第二天一早的杭州—北京—杭州航班。小李立刻做起了航前准备，确认了自己的飞行前准备工作。第二天早上按照规定的时间到达公司，顺利执行了自己的航班任务。

实施步骤：

步骤一：主题发布——乘务组进行飞行前个人准备的比赛。
步骤二：任务实施——以 6 人为一组建立若干个乘务组，乘务组模拟飞行前个人准备。
步骤三：其他组和教师作为评委对乘务组打分，最后教师点评，综合打分情况，评出最佳表现组和个人。

任务评价

请根据表 2-1 对上述任务实施的结果进行评价。

表 2-1　任务实施评价表

评价内容	分值	评分	备注
乘务组组织得当，气氛活跃	20		
乘务组飞行前个人资料和物品准备充分	40		
乘务组个人职业形象良好，保持良好的精神面貌和状态	40		
合计	100		

任务 2　准时参加航班集体准备

知识目标
1. 了解乘务组集体准备流程；
2. 掌握乘务组航前准备会的内容与要求；
3. 了解机组协同会内容。

能力目标
1. 能够根据流程规范地完成乘务组集体准备；
2. 能够根据规范参加机组协同会。

素养目标
1. 培养细心、严谨的职业品质；
2. 培养爱岗敬业的精神。

任务导入

乘务员小李白天外出游玩后回到家觉得非常困，21点，她没有像往常一样打开手机登录航前准备网站，她把手机调成静音就睡觉了，第二天一早，公司调度的电话打了过来，由于手机静音她也没接到电话。起床后小李发现手机里竟然有三个公司调度的未接来电，她赶紧起床给调度回拨电话，这时原本应该她执行的航班已经起飞了。这次，她漏飞了，调度员只好让在公司备份的乘务员临时去执行了小李的航班，公司不仅扣除了她的绩效分，还因为这次的漏飞事件影响了她的后续晋升和评优。

漏飞对于每个乘务员来说都是极不愿意出现的情形，漏飞的乘务员无一例外地对自己的行为充满了懊悔和自责，漏飞作为对航班保障造成恶劣影响的事件，公司和部门会依据相应工作条款对这种违规行为进行处罚与提醒。

很多乘务员经历漏飞事件后或情绪消极低沉充满自责，或寻找各种理由解释和抱怨，一度对自己的工作产生抵触和情绪波动。但毕竟处罚不是最终目的，而是公司和部门希望以这样的方式引起乘务员的重视与注意，也期望乘务员能够理性看待漏飞事件，吸取经验教训，积极调整心态，用更大的工作热情去弥补工作中出现的失误。大家也不会因为乘务员的一次差错将这个乘务员既往的工作全面否定。

思考： 作为一名客舱乘务员，如何防止航班漏飞呢？从小李这件事情中可总结出哪些经验和教训？

知识讲解

航班集体准备包括了乘务组航前准备会及机组协同会，航前准备会时，乘务员要服从客舱经理或乘务长的指挥，了解各自承担的岗位职责和要求；机组协同会能与其他机组成员建立良好的协同关系，为航班正常运行奠定基础。

（1）国内航班：所执行的航班属于国内城市航班，需要在航班起飞前 1 小时 40 分钟到达公司乘务员集体准备室，参加乘务员航前集体准备会，准备会由乘务长主持，本航班所有乘务员及航空安全员均须参加。

（2）国际及地区航班：所执行的航班属于国际及港澳台地区航班，需要在航班起飞前 2 小时到达公司乘务员集体准备室，参加乘务员航前集体准备会，准备会由乘务长主持，本航班所有乘务员及航空安全员均须参加。

乘务组飞行当天，应严格按照指定时间到达公司客舱服务部进行签到，然后进入准备室进行航前准备会。会后，集体搭乘机组车前往机场进行登机前准备。

2.1 签到

乘务员按照公司要求至指定地点进行飞行前签到（图 2-11）。

在指定时间到达公司后，乘务长领取航班任务书，各号位乘务员领取各号位机上工作所需物品（如铅封等）。所有乘务员在指纹签到机上签到后，到达航班指定的航前集体准备会会议室参加会议。

准备好个人的标准仪容仪表、着装和发型及给乘务长航前待查的证件（如登机牌、体检合格证、训练合格证）；物品（如备份隐形眼镜、手电筒、围裙、中跟皮鞋、广播词、实用操作手册、飞行记录本和笔）。

图 2-11 乘务员签到

2.2 航前准备会

航前准备会（图 2-12）通常为 20～30 min，内容如下：

（1）主任乘务长/乘务长应按时组织召开航前准备会，依据《客舱乘务员手册》《乘务员职业礼仪服务规范》相关要求检查乘务员飞行必备装备、证件及职业形象。

（2）观察、评估乘务员精神状态，发现受酒精或药物影响的乘务员应及时报告。

（3）了解近期空防、安全形势，掌握所飞航班的相关业务知识，如航班号、机型、机长姓名、停机位、航线地标、跨水飞行、中途站、终点站、起降时间和目的地、CIQ 规定等。

（4）对客舱安全及服务工作提出要求，明确客舱乘务员职责号位分工，制定应急处置预案及颠簸预案，准备好在机组协同准备会上重点关注的事项。

（5）在有外籍乘务员参加飞行的航班上，应用英语与外籍乘务员沟通和下达任务。与经过汉语测试合格的外籍乘务员沟通或向其下达任务时，可使用汉语。官方标准用语使用"中文"。

（6）如果所执行的航班发生延误超过 24 h，应重新进行航前准备会。

图 2-12　航前准备会

2.3 机组协同准备会

机组协同准备会（图 2-13）是由机长组织的机组共同准备的会议。机组协同准备会有利于建立乘组与飞行机组、安全员的良好工作氛围，有利于乘务员掌握最新的航班动态和工作要求。会议内容如下：

（1）机组成员介绍。

（2）空防预案准备。

(3)正常情况、应急情况与驾驶舱联络的方式。

(4)航线相关情况通报。

(5)应急撤离程序的回顾。

图 2-13 机组协同准备会

拓展阅读

形成同心共圆中国梦的强大合力
——论学习贯彻党的二十大精神

"团结就是力量,团结才能胜利。"在党的二十大报告中,习近平总书记特别强调"全面建设社会主义现代化国家,必须充分发挥亿万人民的创造伟力",要求"不断巩固全国各族人民大团结,加强海内外中华儿女大团结,形成同心共圆中国梦的强大合力",号召"为全面建设社会主义现代化国家、全面推进中华民族伟大复兴而团结奋斗"。学习贯彻党的二十大精神,要牢牢把握团结奋斗的时代要求,心往一处想、劲往一处使,让中华民族伟大复兴号巨轮乘风破浪、扬帆远航。

中国人民是具有伟大团结精神的人民。在百年奋斗历程中,中国共产党始终坚持大团结、大联合,团结一切可以团结的力量,调动一切可以调动的积极因素,最大限度地凝聚起共同奋斗的力量,带领中国人民在中华民族发展史和人类社会进步史上写下了壮丽篇章。百年来,党和人民取得的一切成就都是团结奋斗的结果,团结奋斗是中国共产党和中国人民最显著的精神标识。特别是进入新时代,党和国家面临的形势之复杂、斗争之严峻、改革发展稳定任务之艰巨世所罕见、史所罕见。10年来,我们经受住来自政治、经济、意识形态、自然界等方面的风险挑战考验，党和国家事业实现一系列突破性进展，取得一系列标志性成果。新时代10年的伟大变革，是在以习近平同志为核心的党中央坚强领导下、在习近平新时代中国特色社会主义思想指引下全党全国各族人民团结奋斗取得的。10年来，党中央权威和集中统一领导得到有力保证，党总揽全局、协调各方的领导核心作用得到进一步发挥，全党思想上更加统一、政治上更加团结、行动上更加一致，党的政治领导力、思想引领力、群众组织力、社会号召力显著增强，党始终成为风雨来袭时全体人民最可靠的主心骨，为沉着应对各种重大风险挑战提供了根本政治保证。在中国共产党的坚强领导下，中国人民更加自信、自立、自强，积极性、主动性、创造性进一步激发，志气、骨气、底气空前增强，党心、军心、民心昂扬振奋，我国发展具备了更为坚实的物质基础、更为完善的制度保证，实现中华民族伟大复兴进入不可逆转的历史进程。新时代党和人民的奋进历程让我们更加深刻地认识到：团结奋斗是中国人民在党的领导下创造历史伟业的必由之路。

围绕明确奋斗目标形成的团结是最牢固的团结，依靠紧密团结进行的奋斗是最有力的奋斗。党的二十大就新时代新征程党和国家事业发展制定了大政方针和战略部署，确定了到2035年我国发展的总体目标和未来5年的主要目标任务，擘画了以中国式现代化全面推进中华民族伟大复兴的宏伟蓝图。在新征程上向着新的奋斗目标出发，准备经受风高浪急甚至惊涛骇浪的重大考验，坚定不移把党的二十大提出的目标任务落到实处，我们要更加深刻地认识到：党的团结统一是党和人民前途与命运所系，是全国各族人民根本利益所在，任何时候任何情况下都不能含糊、不能动摇；全党全国各族人民只有在党的旗帜下团结成"一块坚硬的钢铁"，万众一心、众志成城，才能汇聚起实现民族复兴的磅礴伟力。我们要深刻领悟"两个确立"的决定性意义，更加自觉地维护习近平总书记党中央的核心、全党的核心地位，更加自觉地维护以习近平同志为核心的党中央权威和集中统一领导，全面贯彻习近平新时代中国特色社会主义思想，坚定不移在思想上、政治上、行动上同以习近平同志为核心的党中央保持高度一致，确保我国社会主义现代化建设正确方向，确保全党全国拥有团结奋斗的强大政治凝聚力、发展自信心，集聚起守正创新、共克时艰的强大力量。

在中共二十届中央政治局常委同中外记者见面时，习近平总书记强调："新征程上，我们要始终坚持一切为了人民、一切依靠人民。"人民是历史的创造者，是决定党和国家前途命运的根本力量。一路走来，我们党紧紧依靠人民交出了一份又一份载入史册的答卷。在前进道路上，无论是风高浪急还是惊涛骇浪，人民永远是我们党最坚实的依托、最强大的底气。全党要坚持全心全意为人民服务的根本宗旨，坚持以人民为中心的发展思想，树牢群众观点，贯彻群众路线，尊重人民首创精神，坚持一切为了人民、一切依靠人民，从群众中来、到群众中去，始终保持同人民群众的血肉联系，始终接受人民批评和监督，始终同人民同呼吸、共命运、心连心，想人民之所想，行人民之所嘱，不断把人民对美好生活的向往变为现实。实现中华民族伟大复兴的中国梦，需要广泛汇聚团结奋斗的正能量。要最大限度地把各阶层、各方面的智慧和力量凝聚起来，最大限度地把全社会、全民族的积极性、主动性、创造性发挥出来，共同为全面建设社会主义现代化国家、全面推进中华民族伟大复兴而奋斗。只要我们不断巩固和发展各民族大团结、全国人民大团结、全体中华儿女大团结，铸牢中华民族共同体意识，动员全体中华儿女围绕实现中华民族伟大复兴中国梦一起来想、一起来干，就一定能够形成同心共圆中国梦的强大合力。

　　团结是铁，团结是钢，团结就是力量。团结是中国人民和中华民族战胜前进道路上一切风险挑战、不断从胜利走向新的胜利的重要保证。全面建成社会主义现代化强国，总的战略安排是分两步走：从2020年到2035年基本实现社会主义现代化；从2035年到21世纪中叶把我国建成富强民主文明和谐美丽的社会主义现代化强国。这是中国人民和中华民族奋进新征程、书写中华文明新的辉煌篇章的伟大时代！中国人民的每一份子，中华民族的每一份子，都应该为处在这样一个伟大时代感到骄傲、感到自豪！新的伟大征程上，在以习近平同志为核心的党中央坚强领导下，坚定历史自信，增强历史主动，保持战略定力，团结一心、艰苦奋斗，风雨无阻向前行，我们一定能谱写新时代中国特色社会主义更加绚丽的华章，在人类的伟大时间历史中创造中华民族的伟大历史时间！

2.4　候机楼准备

　　（1）乘务长清点乘务组人数，并带领全组成员按照指定时间、地点乘坐公司机组车前往机场。

　　（2）本组成员按照从矮到高的顺序排成一排，乘务长站在队首，带队整齐地拖着行李箱。

（3）乘务组全体成员走入指定通道，有序进行安检、海关等相关登机前手续的办理。

（4）集体在指定区域站立或就座，等候登机。

候机楼准备如图 2-14 所示。

图 2-14　候机楼准备

任务实施

情境模拟：

乘务长小柴今天要执行 CA1705/1706 杭州－北京－杭州航班，她根据自己的航班时刻信息，将于 11：10 组织组员召开航前准备会。她提前到达公司，在调度台领取了航班任务书，来到指纹签到机前签到，提醒组员领取相应的工作所需用品。在准备桌前，小柴打开了准备会专用的笔记本计算机，根据会议项目，给乘务组员召开航前准备会，所有执行本次航班的乘务员及航空安全员全部参加。

（1）乘务长检查了组员的必备装备、证件及职业形象，并观察评估了组员的精神状态。

（2）乘务长对所有乘务员进行机上的号位分工，并宣读任务书，包括介绍航班飞机机型、起降时刻、航线特点、机长名字，并根据航线特点提出对乘务员工作的具体的安全和服务的要求，以及制定了详细的应急处置预案及颠簸预案。

（3）航空安全员传达航班上航空安全方面的要求及对全体组员发生特殊情况时的应对方案。

（4）抽查考核各号位乘务员对于本机型应急设备存放位置、应急撤离知识点、航班中特殊情况处置的应对措施。

实施步骤：

步骤一：主题发布——根据提供的航班信息，模拟飞行前集体准备。

步骤二：任务实施——以 6 人为一组建立若干个乘务组，其中一人扮演乘务长，乘务组模拟飞行前集体准备。

步骤三：其他组和教师作为评委对乘务组打分，最后教师点评，综合打分情况，评出最佳表现组和个人。

任务评价：

请根据表 2-2 对上述任务实施的结果进行评价。

表 2-2 任务实施评价表

评价内容	分值	评分	备注
乘务组组织得当	20		
乘务组飞行前集体准备充分	40		
乘务组个人职业形象良好，保持良好的精神面貌和状态	40		
合计	100		

项目总结

乘务员在预先准备阶段完成个人准备和集体准备。个人准备的时间比较充分，要逐项认真落实；集体准备的时间有限，乘务员要服从乘务长的指挥，了解岗位职责和服务要求，与其他机组成员建立良好的协同关系，保障航班正常运行。

思考与练习

一、填空题

1. 航空公司一般在_____前发布具体的航班计划，主要内容包括机型、航班时刻、执飞机组成员名单、起降机场等信息。
2. 乘务员要携带最新业务资料、最新的广播手册、"乘务员三证"（_____、_____、_____），佩戴姓名牌。
3. 航班集体准备包括了_____及_____。
4. 乘务员按照公司要求至指定地点进行飞行前_____。

二、选择题

1. 在每次飞行前，（　　）必须组织航前准备会，并必须将有关信息传达给所有的乘务员。

    A. 带班乘务长　　　　　　　B. 乘务值班经理

    C. 机长　　　　　　　　　　D. 乘务检查员

2. 下列物品中，不属于乘务员执行航班任务应携带证件的有（　　）。

    A. 登机证　　　　　　　　　B. 乘务员手册

    C. 乘务员执照　　　　　　　D. 健康证

3. 下列选项中，不属于航前准备会内容的是（　　）。

    A. 乘务长向乘务组成员介绍航班信息，提出执行航班任务要求

    B. 乘务长检查乘务员的仪容仪表，指出其不足之处

    C. 乘务长对乘务组成员进行岗位分工

    D. 乘务长领取《飞行任务书》，了解乘务组的人员情况

三、简答题

1. 简述个人准备的内容。
2. 简述集体准备的内容。
3. 简述航前准备会的重要性。
4. 简述飞行前签到的形式及其重要性。
5. 简述航前准备会制定空防预案的必要性。

项目 3
乘务工作四阶段之直接准备阶段

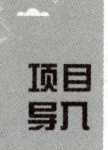

项目导入

课件：直接准备阶段

　　直接准备阶段是乘务工作四阶段中的第二阶段，是保障安全飞行的关键阶段。在此过程中，客舱乘务员需规范有序地进行应急设备、客舱设备及厨房设备、卫生间设备的检查和机供品及餐食的清点、交接工作，并确保处于在位良好可用状态，确保不存在安全隐患。

任务1　了解机上设备名称和使用方法

知识目标

1. 掌握客舱设备及旅客服务单元（PSU）的名称、位置分布和使用方法；
2. 掌握厨房间设备的分布和使用方法；
3. 掌握卫生间设备的使用方法；
4. 掌握舱门的布局和操作方法；
5. 掌握乘务员座椅和乘务员控制面板（FAP）的使用方法；
6. 掌握客舱照明设备的操作方法。

能力目标

1. 能够对各类设备进行规范有序的检查；
2. 能够根据所学规范使用各类设备。

素养目标

1. 培养规范意识；
2. 培养严谨的工作态度；
3. 提升对于飞行事业的敬畏之心；
4. 树立正确的职业态度。

任务导入

我的氧气面罩在哪里？

杨爷爷刚退休，便开始了自己的环球旅行。今天是他人生中第一次坐飞机，为了这一刻他已经期待了许久。为此，他没少做"功课"，还特意登录民航网站查看了很多新闻。其中的一条关于川航3U8633的新闻引起了杨爷爷的关注。飞行机组凭借精湛的飞行技艺和临危不乱的心理素质完成了一次史诗般的紧急备降。飞机客舱内撒落满地的餐盘和那一个个黄色的氧气面罩垂落着，这一场面也深深印在了杨爷爷脑海里。

他上了飞机后，环顾着飞机客舱，难以掩饰激动之情。当乘务员引导杨爷爷入座后,他左看看、右看看,上摸摸、下摸摸,不禁疑惑,那一个个的黄色氧气面罩是从哪里来的呢?

思考:确定氧气面罩的位置及熟悉使用方法。

知识讲解

机上设备是指分布在客机各个部位角落中的设备,包括客舱、厨房、卫生间等各个区域的设备。熟悉并掌握所有设备的名称、航前检查和使用方法,是保障飞行安全及为旅客提供便利服务的前提。

1.1 客舱设备的组成

民用航空器的客舱主要由驾驶舱、前乘务员服务舱、旅客头等舱、旅客公务舱、中乘务员服务舱、旅客经济舱和后乘务员服务舱组成。驾驶舱、乘务员服务舱根据不同机型设计有所不同,旅客座位也因飞机的大小不同排列也不一样。客舱中的盥洗室分别位于前、中、后乘务员服务舱的附近,紧靠乘务员工作室。

一般而言,飞机上直接与飞行相关的设置主要包括驾驶舱内的正、副驾驶员座椅,旅客舱内的旅客座椅及机上乘务员座椅,衣帽间、储藏室和包括分舱板、舱顶、顶部行李箱、座椅面罩、地毯的客舱内装饰,厨房柜,机组人员与旅客应急撤离和救生设备,盥洗室,供水系统与污水处理系统等。这些设备和设施根据用户的要求,可以有各种不同的布局和数量。

1.2 旅客服务单元(PSU)

旅客服务单元(PSU)包含了旅客服务组件及旅客信息组件,位于每排座位上方的行李架底部。每个服务单元均包含相应座位的氧气面罩储藏舱、阅读灯和开关、呼唤铃和呼唤铃灯,以及"系好安全带"和"禁止吸烟"的信息提示灯。

1. 旅客氧气面罩

旅客氧气面罩存放在客舱氧气面罩储藏舱内,其工作原理为内部有氯酸钠、过氧化钡、氯酸钾组成的氧气蜡烛,当拉动其中任何一个氧气面罩,即可触发化学氧气发生器,全客舱氧气面罩开始供氧且不可关断直至氧气用完。根据不同机型,可提供至少 12 min 的氧气。其脱落方式包括自动方式、人工方式和电动方式三种。当客舱高度达到 14 000 英尺(约 4 267 m)时,系统自动启动,氧气面罩会自动脱落(图 3-1);也可用人工方式或电动方式打开氧气面罩储藏舱。

（1）氧气面罩的使用方法。氧气面罩对于保护旅客及飞行员安全起到了重要的作用。使用氧气面罩的方法如下（图3-2）。

图3-1　脱落的氧气面罩　　　　　　　　图3-2　氧气面罩的使用方法

1）氧气面罩脱落后，用力拉下面罩。氧气面罩与化学氧气发生器之间系着一根细绳，如果向下拉面罩就会拉动这根细绳，从而触发化学氧气发生器内部的装置刺穿化学氧气发生器的化学物质腔，使腔内化学物质迅速混合发生化学反应而产生氧气，所产生的氧气再通过导管输出到面罩供给旅客。由此可见，氧气面罩脱落后并不会自动输出氧气，一定要有拉面罩这个动作，才会触发化学反应从而产生氧气。

2）将面罩罩在口鼻处。

3）把带子套在头上。

4）进行正常呼吸。

一般一排座椅共用一个化学氧气发生器。每一横排氧气面罩的系紧绳在另一端是连在一起的，如果有旅客拉面罩时不小心把系紧绳拉断了，只要同一排的其他旅客能正常拉下面罩，触发化学氧气发生器，那么这位旅客也是可以获得氧气供应的。

（2）使用氧气面罩时的注意事项。使用氧气面罩时应注意以下几个方面的注意事项：

1）氧气面罩只有在拉动面罩后才开始工作。

2）在化学氧气发生器供氧方式下，拉动储藏室内的任何一个面罩，都可以使该氧气面罩储藏室内所有的面罩都有氧气流出，氧气系统一旦开启就不能关断。

3）在固定氧气瓶供氧方式下，只有拉下的氧气面罩才有氧气流出，到达安全高度，驾驶舱机组可关闭氧气系统。

4）化学氧气发生器工作时，不要用手触摸，以免被烫伤。

5）前货舱或电子舱内有一个大的固定氧气瓶为机组人员提供氧气，机组人员有各自的氧气面罩和调节器，可以选择吸100%纯氧或混合氧。

6）不要将使用过后的氧气面罩放回储藏室内。

2. 阅读灯

阅读灯及开关在旅客服务单元（PSU）面板上，每个旅客都有独立的阅读灯和阅读灯开关按钮，可以自主通过按压开关按钮来控制阅读灯，同时，阅读灯的照射角度可以通过旋转阅读灯来自行调节。

3. 呼唤铃

呼唤铃的按钮在 PSU 面板上，通过按压呼唤铃的按钮来控制呼唤铃灯的开关。当旅客需要乘务员提供服务或帮助时，可以按压呼唤铃，乘务员需要在第一时间回复并提供相应服务。

4. 通风口

飞机上的通风口在 PSU 面板上，一般会设在过道顶部，空气流动会比其他位置好些，喜欢清新空气的朋友可以选择这个座位。

阅读灯、呼唤铃、通风口如图 3-3 所示。

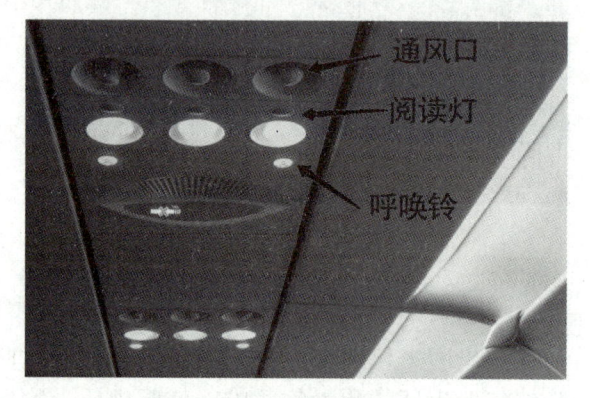

图 3-3　阅读灯、呼唤铃、通风口

1.3　客舱储藏设备

1. 行李架

客舱行李架用于放置旅客行李、客舱休息用的毛毯、枕头和随身物品。应急设备也可储藏在行李架中，如果某一行李架中放置了应急设备，则此行李架在迎客时不打开。每个行李架上有一个标牌，注明了行李架的最大承受重量。客舱乘务员应在旅客登机时监督其安放行李，确保这些储藏区域承受的重量未超出限制。

客舱行李架分为悬挂箱式行李架（图 3-4）和固定箱式行李架（图 3-5）两种。

图 3-4　悬挂箱式行李架　　　　　图 3-5　固定箱式行李架

2. 衣帽间和隔板

衣帽间位于飞机的前半部，供旅客挂衣物用。不封闭的衣帽间仅能用来放置衣物或悬挂衣袋。

隔板是用来分隔客舱内的各个空间的，如公务舱和经济舱之间、经济舱与后乘务员服务舱之间都是用隔板分隔的。有些隔板上配有装印刷品的书包袋，可装报纸、杂志等物品（图 3-6）。

1.4 厨房间设备

根据机型的不同，厨房通常位于客舱的前部及后部，部分机型的厨房会位于客舱中部（图 3-7）。厨房间设备是用于储存航食配备的机供品，加热开水、食物等保障良好餐饮服务的设备，主要包括餐车、烤箱、煮水器、烧水杯、咖啡器、储物柜、电源控制面板、跳开关、厨房水关断阀门、废物箱等。

图 3-6 隔板

图 3-7 厨房

1.4.1 烧水杯

1. 使用方法

（1）烧水杯主要用于烧煮开水至 100 ℃。

（2）使用时，抬起固定架，取出烧水杯，在水杯内加入七成水，插在电源插座上，扣好保险卡；然后旋转定时器或打开开关，接通电源后开始烧水，烧水完成后及时关闭电源。

2. 注意事项

（1）使用前应确认烧水杯内无异物。

（2）不可在空杯时通电。

1.4.2 煮水器

1. 使用方法

（1）煮水器是自动加热装置（图3-8），一般能一次性加热4 L左右的水。

（2）当煮水器开关处于"ON"时，红色指示灯亮，煮水器处于加热状态；当温度达到指定温度（如87 ℃）时，蓝色指示灯亮，表明煮水器加热完成。

（3）当煮水器内压力不足时，不出水；压力过高时，减压阀自动启动。

（4）煮水器内水量不足时，煮水器会停止加热；打开水龙头放气后，水会重新注入烧水器，直至达到指定位置后，停止注水，煮水器自动开始加热。

2. 注意事项

（1）煮水器内水温一般为80 ℃～90 ℃。

（2）在打开电源前，应确保水箱有水、水流顺畅，避免空烧。

图 3-8 煮水器

（3）起飞、着陆前应关闭电源。

1.4.3 咖啡器

咖啡器由水箱、控制面板（包括电源键、注水键等）、咖啡过滤网、咖啡壶、固定手柄、出水龙头、保温垫板组成。

1. 使用方法

（1）将咖啡壶放于咖啡器内，然后将固定手柄按压到位，按压电源键，咖啡器自动加热一定量的水，加热完成后按压注水键，热水会自动注入咖啡壶，等待几分钟后，取出咖啡壶即可。

（2）咖啡器有过热保护装置，当水温过热时，电源会自动切断。

（3）水箱内水量不足或压力不足时，"无水"指示灯亮。

2. 注意事项

长时间不使用咖啡器时，应关断电源，避免保温垫板空烧，引发火灾隐患。

1.4.4 储物柜

储物柜用于存放各类机供品和乘务员物品（图3-9）。

使用时，打开储物柜后将物品存放其中，之后需及时关闭柜门并扣好。

1.4.5 烤箱

1. 使用方法

烤箱仅可用于加热食物，可分为电烤箱和蒸汽烤箱两种，主要有直接烘烤、预设时间烘烤和预设菜单烘烤三种模式。

（1）直接烘烤模式。通过按压开关按钮接通电源后，按标准设置温度和时间，按压选定的温度键或开始/暂停键，启动烤箱；当烘烤结束时，按压开关按钮后关闭电源。

（2）预设时间烘烤模式。通过按压开关按钮接通电源后，先设置预设时间，然后设置烘烤温度和烘烤时间，设定完成后按压选定的温度键或开始/暂停键，启动烤箱；当烘烤结束时，按压开关按钮后关闭电源。

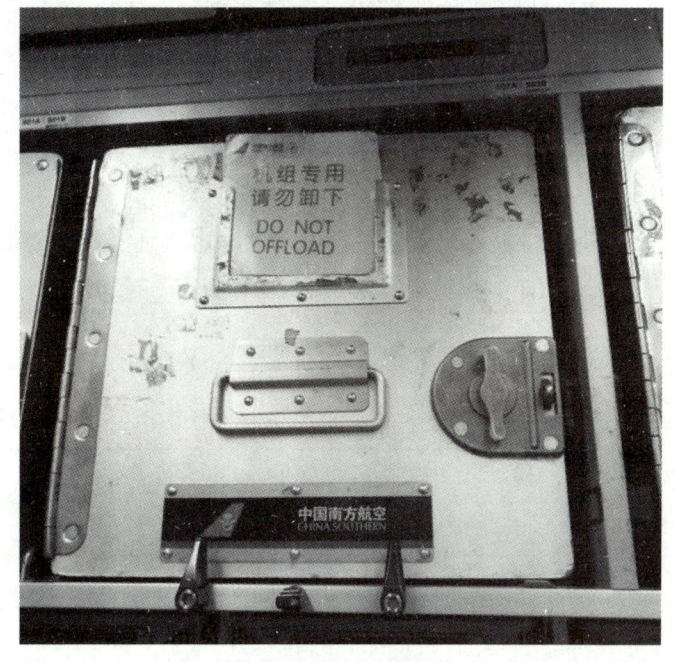

图 3-9　储物柜

（3）预设菜单烘烤模式。通过按压开关按钮接通电源后，先设置烘烤食物的种类，然后设置烘烤时间，设定完成后按压选定的温度键或开始/暂停键，启动烤箱；当烘烤结束时，按压开关按钮后关闭电源。

2. 注意事项

（1）烤箱加热前需确保烤箱内无异物、油渍、塑料制品和易燃物。

（2）起飞、着陆期间应关闭烤箱电源。

（3）出现异常情况时，首先需要切断电源，关闭烤箱门。

1.4.6　电源控制面板

电源控制面板主要用于控制厨房电源和照明等（图 3-10、图 3-11）。

（1）厨房电源。只有当厨房电源接通时，才可给厨房提供电源。按压相应的电源按钮即可控制相应电源。在飞行过程中，如果只有一台发动机提供交流电源，厨房电源将自动切断。

图 3-10 检查厨房电源控制面板　　　　图 3-11 厨房电源控制面板

厨房电源按键标识及说明见表 3-1。

表 3-1　厨房电源按键标识及说明

按键标识	按键说明
ON/ OFF	电源开关
HEATINGTIME	加热时间
SERVINGTIME	服务时间
SET	设定
TEMP	温度设定
HIGH/ MEDIUM/ LOW	高温 230 ℃ / 中温 150 ℃ / 低温 80 ℃
TIME SELETCTOR	时间选择
START	开始键

（2）厨房照明。厨房顶灯灯光有"BRT 高""DIM 暗""OFF 关"三个挡位，根据不同的情景将顶灯开关拨至指定挡位即可。例如，旅客登机和下机期间，将灯光调至"BRT 高"挡；飞机起飞和下降期间，将灯光调至"DIM 暗"挡。

1.4.7　厨房水关断阀门

每个厨房均装有水关断阀门，用于控制厨房供水（图 3-12）。当阀门置于关位时，厨房供水中断；当阀门置于开位时，厨房供水。

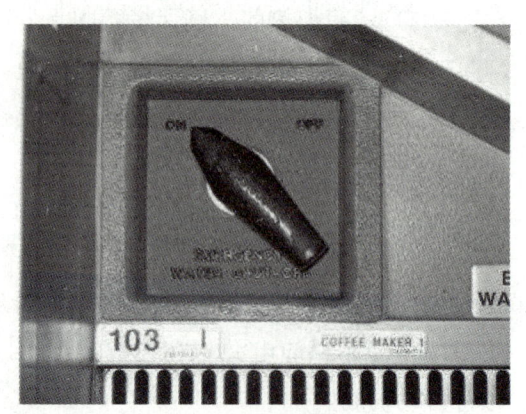

图 3-12　厨房水关断阀门

1.4.8 餐车

1. 使用方法

餐车主要用于存放各类食品、饮料、用具和物品（图 3-13）。餐车通常存放在厨房的餐车位中，并通过刹车、锁扣等保持锁定。

在使用时，首先打开固定餐车的锁扣，并通过踩踏踏板松开刹车，从餐车位中拉出餐车，即可使用餐车。

2. 注意事项

（1）餐车在飞机滑行、起飞、下降、颠簸或紧急状态时，其刹车、锁扣应保持锁定，使餐车处于固定状态。

（2）餐车不得用于存放各种试剂、疫苗或其他生物化学制剂等。

（3）餐车必须在规定的餐车位存放。

（4）餐车在使用完毕后必须迅速归位锁定。

1.4.9 废物箱

废物箱主要用于存放厨房垃圾（图 3-14）。

使用时，打开废物箱的盖板，将垃圾扔进废物箱即可；使用完毕后，用盖板盖住废物箱，并在不使用时保持废物箱盖板的关闭。

图 3-13　餐车　　　　　　图 3-14　废物箱

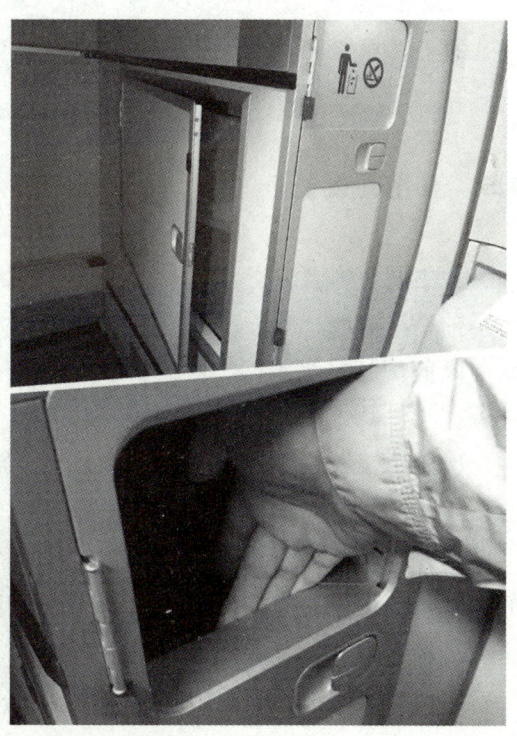

拓展阅读

厨房管理要求

（1）厨房内的客舱乘务员应勤洗手，注意个人卫生，为旅客提供安全、卫生的餐饮。

（2）冷热食物及用具要分开冷藏或加热，保证温度适中。

（3）对于厨房内所有服务用具，要轻拿、轻放、轻开、轻关，并保证用具的干净、无污迹。

（4）不得将液体直接倒入垃圾箱。咖啡、牛奶、果汁等不能直接倒入厨房的漏水槽，防止堵塞。

（5）保证厨房内的冰箱、烤炉、保温箱、储藏室的干净整洁。

（6）不要把塑料或纸类品放在烤炉和保温箱内。

（7）按照操作要求，正确使用厨房设备。

（8）起飞、落地时必须将不需要使用的厨房设备的电源关闭。

（9）保持厨房工作间的整洁干净，飞机在起飞、降落时，所有服务用品都必须安全存放。

（10）机供品等物品应整齐地放入储物柜，尽量避免外露。出入厨房时注意拉隔帘，并且谢绝旅客逗留。客舱乘务员在厨房操作期间，要轻拿、轻放，尽量避免发出声音。

1.5 卫生间设备

卫生间又称盥洗室、洗手间或厕所，通常位于前后入口处。卫生间设备主要包括抽水马桶、洗漱池、镜子、氧气面罩、"返回座椅"信号指示灯、水加热器、污水系统、水关断阀门、排水阀门、呼叫开关、烟雾探测器、废物箱、自动灭火装置、温度指示牌等。

1. 机上卫生间门

机上卫生间门可从外部开锁或锁闭。向上抬起标有"LAVATORY"的金属板（图3-15），将锁舌拨到左侧或右侧即可开启或锁闭卫生间。如果有人被反锁在卫生间内，乘务员可通过外部门帮助其打开卫生间的门。

2. 洗手池按压式水龙头和热水器

飞机卫生间洗手池（图3-16）水龙头为按压式水龙头。水龙头上标有"PUSH"字样，向下按压出水，水龙头自动收回则出水停止。当洗手池内有积水时，按压水龙头后方长条形按钮,即可放出洗手池内积水。

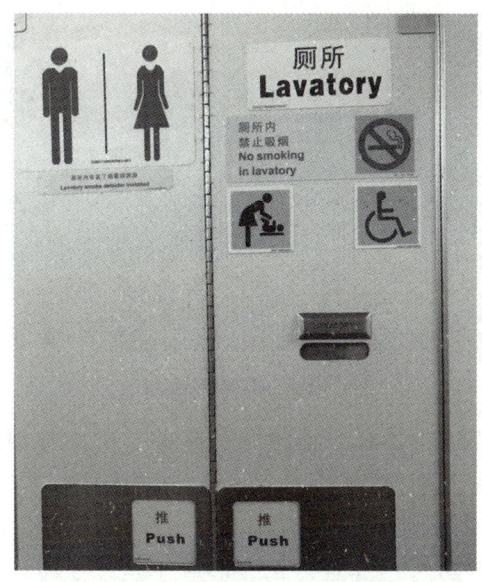

图 3-15 卫生间门　　　　　图 3-16 洗手池

3. 卫生用品存放处

台面上有化妆物品置物架(图 3-17),上面有洗手液、润肤霜、香水等。侧面壁板上有擦手纸、卫生纸、呕吐袋、马桶垫纸等卫生用品(图 3-18)。在梳妆镜后有卫生用品存放柜,按压梳妆镜底部按钮,存放柜自动打开,关闭时要确保锁扣复位。

图 3-17 化妆物品置物架　　　　　图 3-18 卫生用品

43

4. 污水系统

每个卫生间都有独立的废污排水系统。洗手池内的排水可通过加温的排放管直接排向机外。马桶中的污水需要排入独立的废水箱中。当废水量指示器显示满位或"马桶不工作"指示灯亮时,所有马桶的冲水功能失效(图3-19)。

马桶开始抽水持续大约7 s,在下次冲水循环系统启动之前,有15 s的自动延迟时间。洗手间废水经过滤、净化后,通过机腹部几根可以加热的金属管排出机外,排泄物集中收集在机腹的集便器内,在地面由排污车负责抽取。

图 3-19　卫生间马桶

5. 防颠簸扶手和婴儿折叠板

机上卫生间内配备防颠簸扶手(图3-20),同时也可供残疾或行动不便的旅客使用。当飞机在飞行过程中遇到颠簸时,旅客可以通过紧握扶手来固定自身。

飞机客舱后部有一个带有婴儿折叠板(图3-21)的卫生间,可供旅客为婴儿更换尿布使用。拉开卡扣并向下放下,折叠板打开;使用完需及时收回,并确保锁扣复位。

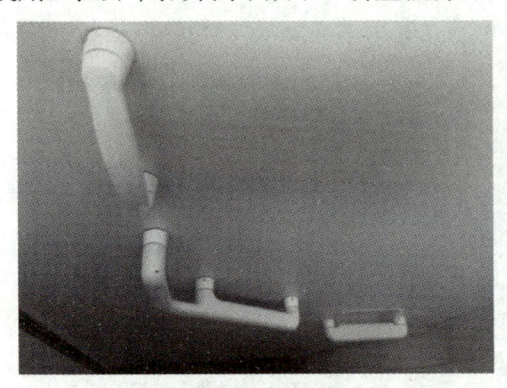

图 3-20　防颠簸扶手　　　　图 3-21　婴儿折叠板

6. 垃圾箱

每个卫生间都配有垃圾箱(图3-22),位于洗手池下方,垃圾箱门在洗手池右侧,使用前必须套上垃圾袋,禁止投入烟头及易燃物品。使用完后,垃圾箱门会自动弹回。

7. 烟雾探测器

烟雾探测器位于卫生间的顶部。

当卫生间内的烟雾达到一定浓度时,烟雾信号显示系统上的红灯闪烁,并发出刺耳的声音;当需要关断信号系统时,单击相应的警告声响解除按钮进行复位操作即可(图3-23)。

图 3-22　垃圾箱　　　　　　　　图 3-23　烟雾探测器

拓展阅读

机上卫生间清洁的要求

在航前，乘务长需参照"机上清洁用品配备、回收单"核对清洁卫生用品数量，并检查卫生间内各种清洁卫生用品配置是否齐全。保持卫生间内通风孔通畅，原则上卫生间使用三人次时一打扫，同时客舱乘务员还应根据卫生间的清洁程度及时打扫。

1. 机上卫生间清洁程序及清洁标准

机上卫生间清洁程序可按以下流程进行。

（1）洗手间门：无污渍。
（2）镜子：明亮。
（3）平台：无杂物、污渍。
（4）洗手池：无积水。
（5）马桶盖、坐垫：无污渍。
（6）地板：无水渍、杂物。
（7）洗手液：拧开状态。
（8）盒纸、卷纸：整齐。

2. 机上卫生间清洁注意事项

（1）客舱乘务员在提供餐饮服务时，由厨房客舱乘务员负责对卫生间进行打扫及监控，如果没有厨房客舱乘务员，可由背对服务间的客舱乘务员负责打扫。禁止客舱乘务员穿围裙打扫卫生间，打扫完毕后，注意及时洗手。

（2）客舱回收完垃圾后，要对卫生间进行彻底打扫。

（3）禁止用擦手纸打扫卫生间。

（4）及时更换、添补卫生间内卫生用品。

（5）清洁洗手池时，禁止将洗手池内的活塞拔出。

（6）清洁洗手间用的毛巾，在使用后及时投入垃圾箱。

（7）对于不知道卫生间位置的旅客，客舱乘务员应积极引导，并告知旅客冲水按钮及垃圾箱的位置。

（8）飞机过站期间，客舱乘务员应监控卫生间排污情况。

1.6 舱门

1. 舱门的结构

舱门是指飞机上供人员、货物或设备出入的门。舱门主要由观察窗、舱门操作手柄、辅助手柄、滑梯、滑梯充气瓶压力表、滑梯挂钩、滑梯戈特棒、地板支架和防风锁组成，如图3-24所示。

（1）L1门：主登机门，用于旅客、机组人员、其他相关工作人员上下飞机使用；

（2）L2门：次登机门，在一些特殊航班或一部分机场，仍采用此门作为旅客上下机使用；

（3）R1门、R2门：服务门，用于对接食品车、垃圾车等。

舱门使用方法如下：

（1）舱门从内部正常开启操作。确认滑梯处于"解除预位"状态：

1）通过观察窗，确认机外无烟无火无障碍、水位线正常，符合开门条件；

2）确认客舱压力警告灯没有出现红色闪亮；

3）微抬舱门控制手柄至15°，确认客舱预位指示灯未亮，客舱压力警告灯未见红色闪亮，可继续开启舱门；

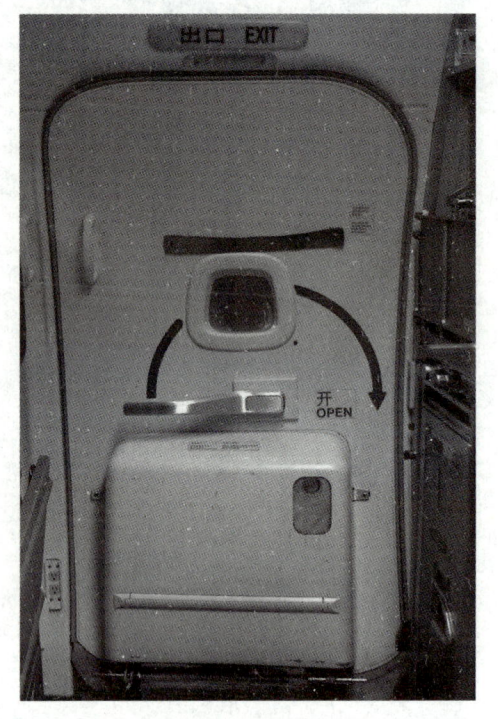

图 3-24 飞机舱门

4）将舱门推至听到阵风锁"咔嗒"声,阵风锁锁住,表示舱门开启完全并固定。

(2) 舱门从内部关闭开启操作。确认门外无障碍物,门四周无夹杂物,符合关门条件:

1）收起门缆绳;
2）一手握住辅助手柄,一手按下阵风锁,解锁后握住辅助手柄将舱门拉回至舱内;
3）将舱门控制手柄下压180°至关闭位;
4）确认门锁指示器显示"绿色LOCKED";
5）确认舱门关闭完全,门框四周无夹杂物。

2. 舱门黄色警示带

(1) 舱门黄色警示带[图3-25(a)]主要用于舱门开启且飞机未连接廊桥/客梯车时的安全警示,以防止人员摔伤。

(2) 在使用时,从门框卡槽处横拉至另一侧挂钩固定;复位时,从挂钩取下缓慢且完全收入卡槽后方可松手。

(3) 黄色警示带复位后,应确认位置稳妥,以不影响舱门关闭后的密封性为准。

(4) 观察窗[图3-25(b)]:机舱内部人员通过观察窗来观察飞机外部情况,从而决定是否可以打开舱门。

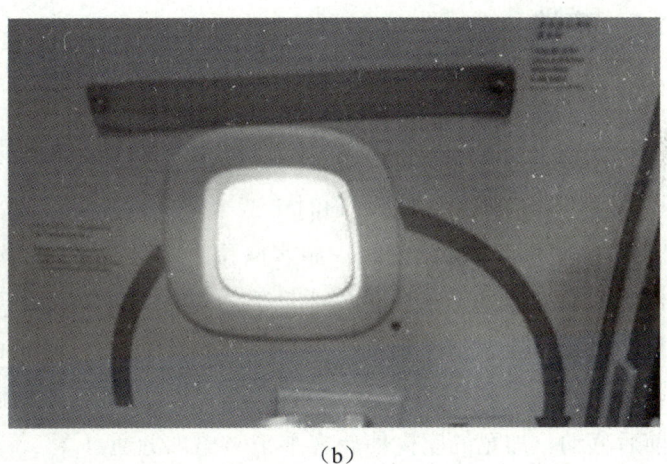

(a)

(b)

图 3-25 黄色警示带和观察窗

(a) 黄色警示带;(b) 观察窗

3. 滑梯包和滑梯杆

(1) 滑梯包(图3-26):位于各舱门内侧下方,存放应急滑梯。B737-800型飞机配备的是单通道滑梯,主要供陆地撤离时使用。

(2) 滑梯压力指示表:滑梯是靠一次性气瓶充气的。在正常情况下,气瓶上的滑梯压力指示表的指针应指向绿色区域。

47

(3) 滑梯杆（图 3-27）：位于滑梯包的底端，是滑梯充气操作杆。当滑梯解除预位时，滑梯杆应放置在滑梯挂钩上；当滑梯预位时，滑梯杆应卡在地板支架上。

(4) 滑梯杆挂钩（图 3-27）：滑梯杆放置在挂钩上，开启舱门时滑梯不会充气。

4. 地板支架

地板支架（图 3-27）用于固定滑梯杆，紧急撤离时打开舱门，滑梯自动充气。

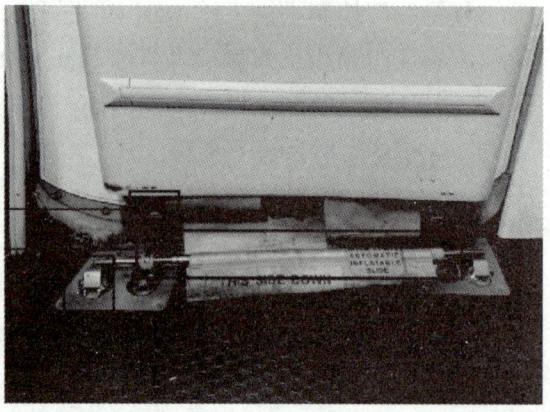

图 3-26 滑梯包　　　　　图 3-27 滑梯杆、滑梯杆挂钩、地板支架

1.7 座椅

1. 旅客座椅

大多旅客座椅是可以调节的，如图 3-28 所示。调节时按压座椅扶手内侧的按钮便可将椅背向后倾斜 15°，同时椅背也可向前压倒。但是部分靠近舱门和紧急窗口的旅客座椅是固定不能调节的。旅客座位之间的扶手是活动的，可以抬起和放下。我国飞机上紧靠客舱通道的座位扶手通常也是固定不动的，不过有些航空公司，尤其是国外航空公司会要求选装所有活动的座椅扶手，以方便轮椅及残疾旅客使用。头等舱的旅客座椅增加了脚蹬的功能，加大了座椅向后倾斜的角度，而且在地板上安装了滑轨可前后移动，加宽的座椅使旅客乘坐时更加舒适。

2. 乘务员座椅

乘务员座椅是专门为乘务员设置的座椅，通常为自动复位式，一般分别位于飞机的前部与登机门相连的位置及后舱厨房内，如图 3-29 所示。座椅上主要的部件有座椅头枕、座椅垫、安全带（肩带）、内话/广播系统及储藏柜，其中储藏柜里存放的是机组救生衣和机载手电筒等应急设备。

乘务员座椅的使用方法如下：在起飞、下降或颠簸等情况时，乘务员需坐在乘务员座椅上。由于座椅是自动复位式，拉按座椅至水平方向即可坐上座椅，并需要及时系好安全带。

图 3-28　旅客座椅　　　　　　图 3-29　乘务员座椅

1.8　乘务员控制面板（FAP）

乘务员控制面板（Flight Attendant Pane，FAP）是指控制客舱照明、旅客娱乐系统、工作灯、水位表等各项开关的控制台。乘务员控制面板包含前舱乘务员控制面板和后舱乘务员控制面板两类，分别用于控制不同的开关。

1. 前舱乘务员控制面板

前舱乘务员控制面板位于左前门乘务员座椅上方，主要控制客舱照明开关、旅客娱乐系统和地面服务电源转换开关、工作灯等。

（1）客舱照明开关包括入口灯、舱顶灯、侧窗灯的开关；通过将开关拨至不同的挡位来控制灯的亮度。

（2）工作灯：每个乘务员工作区都设有一个工作灯，其控制开关安装于相应的乘务员面板。按下开关按钮，工作灯亮；再按一下，工作灯灭。

（3）地面服务电源开关：按下开关按钮通电，再按一下关闭。不过一般不用。

（4）旅客娱乐系统开关：按下开关按钮，为旅客的娱乐系统供电；再按一下，则停止供电。

2. 后舱乘务员控制面板

后舱乘务员控制面板位于左后门乘务员座椅上方，设有入口灯开关、应急照明开关、工作灯、饮用水量指示器、污水量指示器等。

（1）入口灯开关：入口灯分为关、暗亮和明亮三个挡位，通过将开关拨至不同的挡位来控制入口灯的亮度。

（2）应急照明开关：控制紧急情况下应急照明系统的开关。按下开关按钮，应急照明灯亮；再按一下，应急照明灯灭。

（3）工作灯：同前舱乘务员控制面板一样，按下开关按钮，工作灯亮；再按一下，工作灯灭。

（4）饮用水量指示器：当水量剩余 1/4 时，需要加注净水。

（5）污水量指示器：当水量达到 3/4 时，需要排除废水。

1.9　客舱照明设备

客舱照明设备通常是指用于为客舱提供照明的灯光设备，主要由白炽灯和荧光灯两种组成。其中，安装于行李架上方及旅客服务单元和侧窗之间的侧壁荧光灯用于客舱共用照明；而白炽灯作为舱顶照明的一部分，一般在提供夜航时使用。按照位置分类，客舱照明设备主要分为客舱顶灯、客舱侧窗灯和客舱入口灯三类。

1. 客舱顶灯

客舱顶灯由前舱乘务员控制面板上的舱顶灯控制开关进行控制，主要包含五个控制位，通过将开关拨至指定的控制位，接通舱顶灯并使其达到指定亮度。

（1）明亮（BRIGHT）：接通客舱顶灯荧光灯至明亮（图 3-30）。

（2）中亮（MEDIUM）：接通客舱顶灯荧光灯至中亮。

（3）暗亮（DIM）：接通客舱顶灯荧光灯至暗亮。

（4）夜间（NIGHT）：接通客舱顶灯白炽灯至低度暗亮。

（5）关闭（OFF）：关闭所有客舱顶灯电源。

图 3-30　客舱灯光明亮状态

2. 客舱侧窗灯

客舱侧窗灯由前舱乘务员控制面板上的舱顶灯控制开关进行控制，主要包含三个控制位，通过将开关拨至指定的控制位，接通客舱侧窗灯并使其达到指定亮度。

（1）明亮（BRIGHT）：接通所有客舱侧窗灯至明亮。

（2）暗亮（DIM）：接通所有客舱侧窗灯至暗亮。

（3）关闭（OFF）：关闭所有客舱侧窗灯电源。

3.客舱入口灯

客舱入口灯主要用于提供前、后登机门区域的照明。客舱入口灯的控制开关位于相应区域的乘务员控制面板上，主要包含三个控制位，通过将开关拨至指定的控制位，接通客舱入口灯并使其达到指定亮度。

（1）明亮（BRIGHT）：接通客舱入口灯至明亮，同时接通门槛灯。

（2）暗亮（DIM）：接通客舱入口灯至暗亮。

（3）关闭（OFF）：关闭所有客舱入口灯电源。

注意事项：当接通外部电源时，客舱入口灯将保持暗亮而不受该区域控制开关的限制。

拓展阅读

飞机的舱门可以从外部被打开和关闭吗？

空客飞机的舱门及波音双通道的飞机，舱门可以从外部开启，且在开启的同时，如果此时滑梯处于预位状态，也将自动解除预位。

1.外部开启舱门

一般由机务人员进行此项操作：

（1）确认舱门外四周没有障碍物；

（2）透过观察窗，确认客舱压力警告灯未闪亮；

（3）按进舱门外部手柄解锁板，将手柄提起至绿色水平线位置；

（4）向机头方向将舱门开至全开位，听到"咔嗒"声，阵风锁锁定，舱门开启完全。

2.外部关闭舱门

适用范围：地面工作人员完成相关飞机检查维护后，机上再无人员，飞机停场；一般由机务人员进行此项操作：

（1）收起门缆绳；

（2）确认舱门内外无障碍，门框四周无夹杂物；

（3）按下阵风锁解锁；

（4）将舱门向机尾方向拉回至舱内；

（5）将外部手柄下压，至与舱门齐平位置；

（6）检查舱门四周有无夹杂物，确认舱门关闭完全。

任务实施

情境模拟：

乘务组结束航前准备会后进入客舱，将首先对应急设备进行检查。

实施步骤：

步骤一：情境发布——在直接准备阶段，乘务员根据号位分工进行机上服务设备的检查。

步骤二：小组讨论——容易出故障及容易漏查的设备点都在哪些地方？

（1）清污水量的检查遗漏；

（2）烤箱夹杂异物航前未检查；

（3）舱门指示器是否在绿色 LOCKED 位。

步骤三：角色扮演——由小组成员分别扮演乘务员，进行情境模拟——机上服务设备检查。

任务评价

请根据表 3-2 对上述任务实施的结果进行评价。

表 3-2　任务实施评价表

评价内容	分值	评分	备注
熟练检查所有机上服务设备	40		
情境模拟中积极参与角色扮演	30		
分析易故障或易漏查的设备点	20		
小组讨论组织得当、气氛活跃	10		
合计	100		

任务 2　了解机上应急设备名称和检查方法

知识目标

1. 掌握氧气瓶的使用方法和检查方法；
2. 掌握灭火器的使用方法和检查方法；
3. 掌握防烟面罩的使用方法和检查方法；
4. 掌握应急发报机的使用方法和检查方法；
5. 掌握客舱应急照明系统的使用方法和检查方法；
6. 掌握其他应急设备的名称、使用方法和检查方法。

能力目标

1. 能够准确说出各机型各类应急设备的名称、数量及分布；
2. 能够对各类应急设备进行正确的航前检查；
3. 能够对各类应急设备进行正确的操作。

素养目标

1. 培养持续学习的能力；
2. 培养严谨、细致的工作作风。

任务导入

漏查的危害

某航班从杭州起飞前往乌鲁木齐，乘务组上机后进行正常应急设备检查。各号位的乘务员均向乘务长报告自己号位的客舱应急设备在位且处于待用状态。航班后续正常运行。飞行至距离目的地还有约 1.5 h，机上一名旅客突发心脏病，需要紧急救治。乘务长广播寻找医生，并命乘务员取拿应急医疗药箱。可是，找遍了整个客舱和驾驶舱，都没有找到应急医疗药箱。该旅客又恰巧没有带随身药品，需要服用应急医疗箱内的硝酸甘油片。此时，面对挽救旅客生命的危急情况，乘务长一边将事情报告给机长，立刻做好备降通知地面做好急救危重病人的准备，一边想着其他的办法。此时，没有了应急医疗药箱，该怎么救治旅客？乘务长快急死了……

思考：为什么会造成这种情况？

知识讲解

应急设备是指飞机在紧急情况下，为了避灾、逃生和救护，供飞行机组和旅客使用的设备的总称。由于民航客机的事故一般发生在飞机的起飞和着陆阶段，所以，现代民航客机上的应急设备一般多用于紧急迫降的情况，主要包括应急供氧设备、撤离提示系统、应急出口、应急滑梯、灭火装备、救生筏、救生衣等。除此之外，还配有应急发报机、应急照明、急救药箱、食物饮料等。应急设备是能够满足旅客求生、救治伤员的需要，降低事故给旅客造成的伤害的重要设备，对其进行规范有序的检查是保障旅客生命财产安全的必要过程。

2.1 氧气瓶

便携式氧气瓶是民航飞机上使用频率最高的应急和急救设备，主要用于提供旅客和机组人员以急救为目的的用氧或人员移动时的补充用氧，如图 3-31 所示。当温度为 20 ℃且氧气瓶压力为 1 800 磅力 / 平方英寸［（bf/in² 或 PSi）（约 12.41MPa）］时，氧气瓶的自由氧容量分为 120 L 和 311 L 两种型号；低流量为 2 L/min，高流量为 4 L/min。

每个氧气瓶都是一个独立的氧气系统，一般储藏在客舱最前排或最后排的储藏应急设备的行李架上，也有部分飞机会将其放在头等舱或后舱的最后一排座椅储藏柜里，在储藏区与外面都有明显的应急设备标识。

图 3-31　便携式氧气瓶

氧气瓶的操作

手提式氧气瓶高低流量供氧时间见表 3-3。

表 3-3　手提式氧气瓶高低流量供氧时间

手提式氧气瓶 高流量（HI）			
高流量（HI）（4 L/min）/L	311	310	120
使用时间 /min	77	77	30
手提式氧气瓶 低流量（LO）			
低流量（LO）（2 L/min）/L	311	310	120
使用时间 /min	155	155	60

1. 使用方法

（1）取出密封包装的氧气面罩，将塑料管插头与选择的流量口衔接；

（2）打开氧气面罩，提起金属条使其形成开放的口袋状；

（3）逆时针方向旋转打开氧气瓶阀门并观察是否有氧气注入；

（4）把带子套在头上；

（5）将金属条卡在鼻梁上；

（6）调整面罩下沿罩住下颚；

（7）使面罩与鼻子和脸颊相吻合；

（8）监控氧气流量。

2. 注意事项

（1）不要摔或撞氧气瓶；

（2）使用前，擦掉口红和润肤油，避免氧气与浓重的油脂接触；

（3）使用氧气设备时，禁止吸烟，4 m 周围无火源；

（4）肺气肿患者使用低流量；

（5）当压力指针为 500 磅力 / 平方英寸（约 3.5 MPa）时，应停止使用，以便再次充气；

（6）当"系好安全带"指示灯亮时，应使用背带将便携式氧气瓶固定在座椅扶手或支架上；

（7）将氧气瓶使用情况填入《客舱维修记录本》，并及时报告机长。

3. 航前检查方法

乘务员应对责任区域内的氧气瓶按照手册要求进行严格、认真的检查，标准如下：

（1）确定氧气瓶处在指定位置并固定好；

（2）确定氧气瓶在有效期内；

（3）确定氧气瓶的压力指针处于规定区域（红色区域），"开关活门"在"关"位；

（4）确定配套的密封包装的氧气面罩与氧气瓶放在一起。

2.2 灭火瓶

灭火瓶是一种便携式灭火工具。飞机上有易燃物、高温区和起火点，因此存在着起火的风险，如图 3-32 所示。飞机着火时，延误灭火会导致机上人员窒息，甚至烧坏发动机、引爆油箱，直接导致机毁人亡。因此，现代民航飞机上配备各种灭火设备，及早发现并消灭火灾隐患，防止意外发生。民航飞机上通常配备水灭火瓶和海伦灭火瓶两类灭火瓶。

图 3-32 飞机上的灭火瓶

1. 火灾的种类

A 类：可燃烧的物质，如织物、纸、木、塑料、橡胶等；

B 类：易燃的液体、油脂等；

C 类：电器设备失火；

D 类：易燃的固体，如镁、钛、钠等。

不同火灾种类可使用的灭火瓶见表 3-4。

表 3-4 不同火灾种类可使用的灭火瓶

	A 类	B 类	C 类	D 类
可使用的灭火瓶	水灭火瓶；海伦灭火瓶（采用就近取拿的原则）	海伦灭火瓶	海伦灭火瓶	海伦灭火瓶

2. 水灭火瓶

（1）使用方法。水灭火瓶仅适用于 A 类火警，如布类、纸张、纤维、橡胶和某些塑料等易燃物品，不能用于电器设备或油脂性物质的灭火，用于易燃液体会导致助燃，用于电器火警会导致严重的电击或致命。

（2）水灭火瓶的具体使用步骤如下：

1）顺时针转动手柄至最大限度（使二氧化碳气瓶充气）；

2）保持瓶体直立；

3）距离火源 2～3 m 处（如空间允许），喷口对准火源底部；

4）拇指按压喷射开关，快速循环喷射。

（3）使用时间：40 s。

（4）注意事项。

1）不适用油脂或电器类的失火；

2）瓶体不能横握或倒握；

3）灭火剂中加有防冻剂，不可饮用。

（5）航前检查。

1）确定水灭火瓶处在指定位置并固定好；

2）确定水灭火瓶的铅封完好，手柄上有可见的二氧化碳气瓶；

3）确定水灭火瓶在有效期内。

3. 海伦灭火瓶

海伦灭火瓶适用于任何类型的火灾，尤其是电器设备和燃油及油脂性物质灭火。适用的海伦灭火瓶应铅封完好，安全销在位，压力指针处于绿色区域。

（1）海伦灭火瓶的具体使用步骤如下：

1）拉出安全销；

2）握紧手柄，拇指置于释放手柄，保持瓶体直立；

3）距火源 2～3 m 处（如空间允许），喷口对准火源底部；

4）拇指按压释放手柄，进行左右喷射。

（2）使用时间：8～10 s。

（3）注意事项。

1）使用时，开始火焰可能猛然增大，但随后火势减弱直至扑灭。

2）避免对人喷射，以免造成窒息。

3）距离火源不宜过近，以免灭火剂吹散火源，蔓延火势。

4）灭火剂渗透性较差，注意观察火警现场，以免复燃。

5）如海伦灭火瓶在驾驶舱区域释放，所有机组人员必须迅速使用氧气面罩并选择 100% 供氧。

(4）航前检查。

1）确定海伦灭火瓶处在指定位置并固定好；

2）确定海伦灭火瓶的安全销穿过携带手柄和触发器的位置，铅封完好；

3）确定海伦灭火瓶在有效期内；

4）确定海伦灭火瓶的压力指针处于绿色区域。

灭火瓶的操作

2.3 防烟面罩

防烟面罩又称防护式呼吸装置（Protective Breathing Equipment，PBE），如图 3-33 所示。防烟面罩提供灭火者至少 15 min 可呼吸的环境以便能有效地灭火，同时又避免吸入有毒气体及烟雾。防烟面罩存放于灭火瓶附近，为真空独立包装。

图 3-33　飞机上的防烟面罩

1. 使用方法

（1）撕开贮存盒内的真空包装；

（2）取出并拉开防烟面罩一侧的作用环；

（3）启动氧气装置，听到氧气流动声后方可使用；

（4）双手手掌相合插入橡皮颈口中撑开面罩；

（5）快速将面罩戴到头上，将头发放入罩内保证密封良好。

2. 使用时间

防烟面罩使用时间为 15 min。

3. 注意事项

（1）在非烟区穿戴和取下；

（2）使用时，应将头发完全放入密封圈；

（3）防烟面罩为非隔音效果设计，以能够使用内话机，或手持话筒广播，或面对面交谈；

（4）氧气流动声变小或终止时，表示系统供氧停止，应迅速离开火警区域，取下面罩，拍掉头发上残留的氧气。

（5）防烟面罩不得接触油、油脂或含汽油的润滑剂，否则可能引发火警。

4. 航前检查

（1）确定防烟面罩处在指定位置并固定好；

（2）确定防烟面罩的捆扎带完整；

（3）确定防烟面罩数量正确。

2.4 应急发报机

应急发报机是自浮式双频率电台，电台发射频率为民用 121.5 MHz 和军用 243 MHz 的调频无线电信号。紧急情况发生后，将发报机扔入海水或水里便自动开始工作，使用时间为 48 h。

1. 使用方法

（1）水中使用的方法：

1）取下应急发报机的套子；

2）将尼龙绳的末端系在救生船上，然后将发报机扔入水中；

3）天线自动竖起后开始发报。

（2）陆地上的使用方法：

1）取下应急发报机的套子；

2）解开尼龙绳，隔断水溶带，拨直天线；

3）将套子内装入一半的水；

4）将应急发报机放入套内，开始发报。

2. 注意事项

（1）在飞机上储存，应远离液体；

（2）在海水中，应急发报机 5 s 即可发报，在淡水中要 5 min 后才能发报；

（3）不能放入油里；

（4）陆地使用时周围不能有障碍物，不要倒放、躺放；

（5）关闭时，将发报机从水中取出，天线折回，躺倒放在地上；

（6）一次只使用一个。

3. 航前检查

（1）确定应急发报机处在指定位置并固定好；

（2）确定应急发报机的开关处于 ARMED 位。

应急发报机的操作

2.5 客舱通信系统

飞机的客舱通信系统包括客舱内话系统、旅客广播系统和盥洗室呼叫系统等。

飞机上安装有多部内话机，通过内话机上的按键转换，可以实现乘务员之间通话、乘务员与驾驶舱通话、对客舱广播等多种功能，如图 3-34 所示。

图 3-34　内话机

1. 客舱内话系统

客舱内话系统可以实现驾驶舱成员、客舱乘务员及全机各个维护和服务区域之间的通话。在进行客舱内话时，应取下内话机，然后按压相应按键呼叫相关人员。按压 RESET 键或将内话机挂回支架，则通信终止。

2. 旅客广播系统

旅客广播系统主要用于对客舱进行广播。驾驶舱广播、乘务员广播及预录通告都是通过旅客广播系统完成的。该系统通过扬声器从驾驶舱或客舱乘务员处向客舱区域、厨房区域和盥洗室区域进行旅客广播。

驾驶舱顶部的旅客广播开关可将内话机连接到旅客广播系统，机组人员可通过内话机进行旅客广播。具体操作：取下内话机，按压旅客广播呼叫键，然后按住 PTT 送话键，即可进行客舱广播。

客舱广播设有等级超控系统，一旦出现紧急情况，需要播放紧急通知时，客舱内话系统将自动复位。客舱广播的等级排序：驾驶舱广播＞乘务员广播＞预录广播＞机上录像、音乐。

2.6 其他应急设备

除上述应急设备外，其他应急设备还包括圆形救生筏、扩音器、应急手电筒和应急医疗设备。

（1）圆形救生筏两面可用，每个救生筏载量不得超过其最大载量的限制。原则上由一名机组成员担任圆形救生筏撤离指挥。

（2）扩音器用于联系和发送指令。扩音器可以扩音或发出警报声。其中，警报声用于召集旅客、引起注意。

（3）应急手电筒用于引导、发射信号，并在紧急情况下提供目视帮助。应急手电筒的电池寿命为 30～240 min，其电池不能充电。

2.6.1 救生衣

救生衣是机上应急救生设备之一，供漂浮时使用，如图 3-35 所示。在旅客座椅的下方或扶手旁边的口袋里备有一件成人救生衣，此外，机上还备有儿童救生衣和婴儿救生衣。为了便于区分，一般旅客救生衣是黄色的，而机组人员救生衣是红色的。

救生衣上安装有定位灯，遇水自动亮起，便于救护人员寻找落水人员。

救生衣的操作

图 3-35 救生衣

1. 使用年龄范围及分类

（1）1 周岁以下使用婴儿救生衣；

（2）1周岁以上使用成人救生衣。

2. 成人救生衣使用方法

（1）撕开包装，取出救生衣；

（2）经头部穿好；

（3）将腰部的带子扣好系紧；

（4）双手用力拉动，打开红色充气阀门；

（5）充气不足时，可使用两端人工充气管充气。

3. 注意事项

（1）救生衣不分正反；

（2）不能自理及上肢残疾的旅客，需要在穿好救生衣后立刻充气；

（3）其余旅客，需要在撤离至舱门口登上救生船前，对救生衣充气；

（4）上救生船后，按压人工充气管的顶部，可为救生衣放气。

4. 婴儿救生衣使用方法

（1）成年人协助婴儿穿戴适配的救生衣；

（2）撕开包装，取出救生衣；

（3）经头部穿好；

（4）将带子放在两腿之间，扣好系紧；

（5）打开红色充气阀门；

（6）充气不足时，可拉出救生衣顶端的两端人工充气管充气。

5. 注意事项

（1）在水上紧急撤离时，需要将监护人的成人救生衣和婴儿的救生衣系在一起；

（2）婴儿在抱离座位后应立刻为婴儿救生衣充气。

2.6.2 救生衣定位灯

（1）夜间使用；

（2）拔出救生衣上（Pull to light）标志，接通电池灯；

（3）救生衣上的定位灯遇水后自动接通，使用时间为 8～10 h。

2.6.3 圆形救生筏

圆形救生筏（图 3-36）的具体使用步骤如下：

（1）飞机完全停稳且舱门打开；

（2）将救生筏搬到出口；

（3）打开红色盖板，拉出救生筏系留绳，固定在飞机结构上（戈特棒或座椅安全带）；

（4）抛放圆形救生筏，拉动系留绳直到出现彩色标志，用力拉出系留绳直至触发救生筏的充气装置；

（5）观察救生筏完全充气后，拉动系留绳直至圆形救生筏紧靠舱门／地板高度应急出口／翼上应急出口外部的机翼前沿襟翼或后沿襟翼；

（6）指挥旅客登筏；

（7）旅客全部登筏后，用刀具割断系留绳，圆形救生筏与机身彻底脱离；

（8）指挥筏上人员将圆形救生筏划离机体至安全地带。

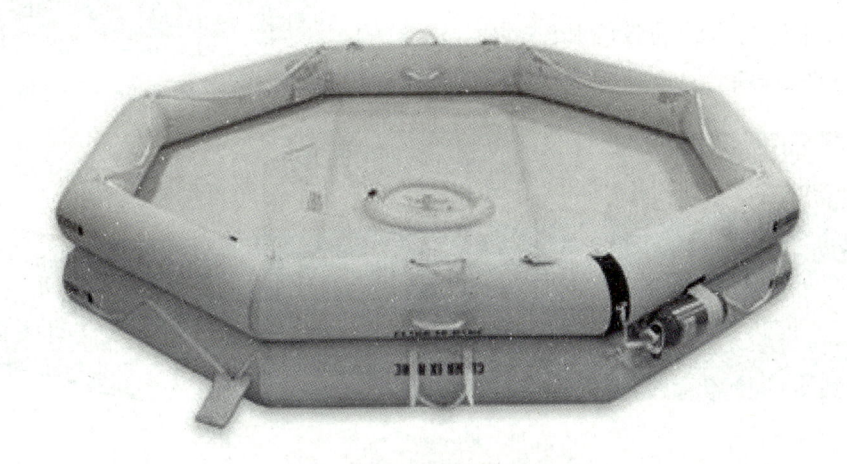

图 3-36　圆形救生筏

2.6.4　扩音器

取下扩音器，将喇叭口面向受话者，紧握手柄启动送话功能，绿色指示灯闪亮，即可送话，如图 3-37 所示。当拔出扩音器一侧的销子时，扩音器会发出警报声。

图 3-37　扩音器

2.6.5 应急手电筒

应急手电筒的使用方法：将手电筒从固定支架上取下，系统自动工作。使用后，将其放回固定支架，灯灭，如图3-38所示。

注意事项：底座无充电功能。

2.6.6 救命包

配备救命包的目的是救治和维持机上人员的基本生存（图3-39）。

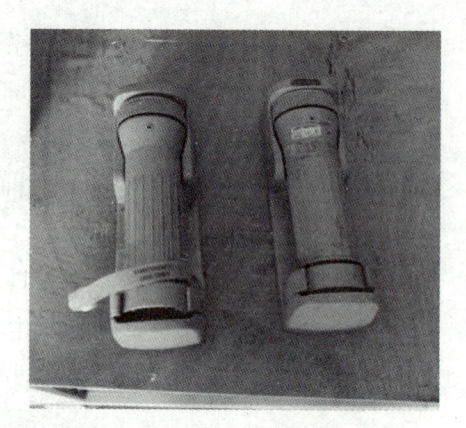

图3-38 手电筒

（a）　　　　　　　（b）　　　　　　　（c）

图3-39 救命包及急救设备

（a）救命包；（b）应急医疗箱；（c）急救箱

2.6.7 信号筒

信号筒是一种向外界发出求救信号的设备。信号筒的两个端口均可释放求救信号。

（1）白天：使用信号筒呈现橘黄色平滑的一端，释放后，呈现橘黄色的烟雾；

（2）夜晚：使用信号筒呈现红色凸起的一端，释放后，呈现红色的火光。

1. 使用方法

（1）根据时段，选择正确的使用端口；

（2）打开外盖，D形环露出；

（3）用手指钩住并快速拉动D形环，密封盖被开启；

（4）信号筒启动，发烟或冒火。

2. 注意事项

（1）条件允许下，操作的时候尽可能戴上手套，以免灼伤；

（2）在水上迫降时使用，需要注意应在救生船外操作，避免火星溅入救生船引发失火或救生船破损；

（3）在拉动D形环时，需要快速果断；

（4）使用时，注意在风下侧，与水平方向呈 45°；

（5）一端使用完毕后，用水浸湿保证完全熄灭；另一端还可以继续使用。

3. 使用时间

一次使用一端，时间为 20～30 s。

2.6.8　信号弹

信号弹是一种向外界发出求救信号的设备。

1. 使用方法

（1）按压信号弹顶端，信号弹下滑；

（2）拉至固定位置；

（3）旋开顶盖，将信号弹举过头顶，拉动拉环启动信号弹。

2. 注意事项

（1）在水上迫降时使用，需要注意应在救生船外操作，避免火星溅入救生船引发失火或救生船破损；

（2）在陆地迫降时使用，需要注意应高举指向远处，不要对准地面。

2.6.9　反光镜

反光镜通过反射日光和月光，向外界发出求救信号。

1. 使用方法

（1）用镜子的反射光对准近处的物体，再用眼睛透过视孔寻找亮点；

（2）不断调整镜子，使亮点对准救援的物体，使之重合在视孔中心。

2. 注意事项

（1）使用的时候，注意将带子挂在脖子上，防止掉落；

（2）不要用镜子对准靠近的飞机。

3. 使用距离

反射距离在 14 km 以上。

2.6.10　海水着色剂

海水着色剂通过使救生船周围的海水变色而向外界发出求救信号。

1. 使用方法

（1）撕开包装，通过传递的方法，将染料均匀撒在救生船的周围；

（2）海水呈现绿色的荧光；

（3）可通过波动海水，增加晕染范围。

2. 使用时间

海水着色剂使用时间为 45 min。

3. 注意事项

海水着色剂一次只使用一个。

2.6.11 化学安全灯棒

化学安全灯棒通过发出荧光释放求救信号。

1. 使用方法

（1）取出化学安全灯棒；
（2）从中间折弯；
（3）用力摇晃，使其呈现荧光；
（4）将化学安全灯棒系在船的外沿。

2. 使用时间

化学安全灯棒使用时间为 12 h。

3. 注意事项

不要折断化学安全灯棒。

2.6.12 海水手电筒

1. 使用方法

（1）打开手电筒盖子；
（2）灌入海水或盐水；
（3）盖住盖子；
（4）手电筒发光。

2. 注意事项

（1）可以重复使用；
（2）当光亮减弱时，可重新灌入海水或盐水。

知识加油站

机上的两箱一包

应急医疗设备主要包括应急医疗箱、急救箱和卫生防疫包三种。

应急医疗设备应防尘、防潮，应存放在客舱，且避免高温或低温环境，便于机组成员取用。

1. 应急医疗箱

应急医疗箱用于对旅客或机组人员意外受伤或医学急症的应急医疗处理。

应急医疗箱使用人员如下：

（1）具有医生资格且出示相应的证件；

（2）在特殊情况下机长有权打开。

2. 急救箱

急救箱用于对旅客或机组人员受伤的止血、包扎、固定等应急处理。

使用人员：所有受过专业训练的人员均可打开使用。

3. 卫生防疫包

卫生防疫包用于清除客舱内血液、尿液、呕吐物和排泄物等潜在传染性物质，护理可疑传染病病人（图3-40）。处理物需要进行特别包装封条，放入指定的卫生间，并锁闭该卫生间。航班落地前报告相关地面部门落地后交接处理。

图 3-40 卫生防疫包

任务实施

情境模拟：

乘务组在检查应急设备，并确认所有应急设备都完好无损，可以正常工作之后，还需要对服务设备进行检查。

实施步骤：

步骤一：情境发布——在直接准备阶段，乘务员根据号位分工进行机上应急设备的检查。

步骤二：小组讨论——容易出现故障问题及容易漏查的设备点都在哪些地方？

（1）密封包装的氧气面罩未与氧气瓶放在一起；

（2）发报机的开关位置；

（3）婴儿救生衣漏查。

步骤三：角色扮演——由小组成员分别扮演乘务员，进行情境模拟——应急设备检查。

任务评价

请根据表 3-5 对上述任务实施的结果进行评价。

表 3-5　任务实施评价表

评价内容	分值	评分	备注
熟练检查所有机上应急设备	40		
情境模拟中积极参与角色扮演	30		
分析易出现故障或易漏查的设备点	20		
小组讨论组织得当、气氛活跃	10		
合计	100		

任务 3　了解机供品

知识目标
1. 了解机供品的含义和类别；
2. 了解餐食的主要分类；
3. 掌握餐食 / 机供品的检查管理方法；
4. 熟悉特殊餐食的主要分类。

能力目标
1. 能够根据航线，说出机供品 / 餐食的配备；
2. 能够根据配备清单进行机供品 / 餐食的清点和检查。

素养目标
1. 培养持续学习的能力；
2. 培养管理意识。

任务导入

我的午餐在哪里？

某航班旅客预订了一份穆斯林餐，乘务员在餐食交接单上看到了穆斯林餐的配备记录，就认为该份餐食已经配送上机，没有对餐食的配备情况进行再次确认。航班起飞后，乘务员在进行供餐前准备时发现：旅客预定的餐食没有配送上机，由于乘务员交接的疏忽，没有认真查验，致使旅客预定的餐食漏配。

思考：机供品 / 餐食检查管理应注意哪些事项？

知识讲解

机供品是客舱服务不可或缺的重要组成部分，其质量的高低直接影响旅客的满意度和企业的经济效益。

3.1 机供品和餐食

3.1.1 机供品含义

机供品是客舱服务项目中"物"的总称,是为旅客提供客舱服务的物质资源。机供品一般包括餐饮餐具、书报杂志、毛毯、礼品、洗漱用品等。

机供品包含机供品单、清点和回收三部分。

(1) 机供品单。机供品单是指标有机供品配备数量与种类,供乘务员在航前或航后确认配机和填写回退量的单据。乘务员按照要求填写机供品单,以备核查。

(2) 清点。清点是指乘务员在航前对照机供品单进行数量核对、质量抽查和安全检查的工作过程。

(3) 回收。回收是指乘务员在航班服务结束后将机上剩余的机供品进行整理后放在指定的位置或区域,并填写机供品单的工作过程。

3.1.2 机供品类别

机供品一般分为餐食、饮品、餐具、餐车、舒适用品和卫生间用品六大类。

1. 餐食

机上餐食按照供应的对象,一般分为旅客餐和机组餐两种。

(1) 旅客餐。旅客餐一般根据舱位、航班时刻和航程配备,按舱位可分为头等舱、公务舱和经济舱餐食;按航班时刻可分为正餐、简便餐、点心餐等;按航程远近可供一餐至多餐。

(2) 机组餐。机组餐是根据中国民用航空局要求和航班时刻为飞行机组配备的餐食,包括正餐、点心、水果等。机长餐食与副驾驶餐食应有差别,机长餐食有特别标记。

2. 饮品

机上饮品一般分为水、软饮料、果汁、热饮和酒类五大类。

(1) 水。机上一般配备矿泉水或纯净水,含有人体必需的微量元素和矿物质,清洁卫生,是航班中配备量最大、使用量最多的饮品。

(2) 软饮料。软饮料是含有碳酸气体(二氧化碳)的饮料,一般情况下加入冰块提供,口感清新舒爽,包括可口可乐、苏打水、干姜水、雪碧、橙味汽水等。

(3) 果汁。果汁是指由水果制成的饮料,航班上一般提供橙汁、番茄汁、苹果汁、菠萝汁、西柚汁、果蔬汁和椰汁等。头等舱、公务舱配备的果汁品种较丰富。

(4) 热饮。热饮包括绿茶、红茶、咖啡等,一般在餐后提供。乘务员必须掌握热饮冲泡的方法,在递送时要慢而稳,避免烫伤旅客。

(5) 酒类。酒类是指含有酒精的饮品,其酒精含量为 2%~50%。航班上一般提供啤酒、红白葡萄酒和香槟等酒类。一般在国际航班和两舱配备的酒类品种较多，乘务员可根据机上配备的酒类和饮料，为旅客调制鸡尾酒。

3. 餐具

机上餐具一般分为杯具、餐具和辅助用品三大类。

（1）杯具。杯具主要包括玻璃杯、葡萄酒杯、香槟杯、咖啡杯、塑料杯、纸杯、咖啡壶、茶壶、咖啡棒等。

（2）餐具。餐具主要包括汤碗、汤勺、面包碟、沙拉碗、餐盘、不锈钢刀叉、塑料叉勺、铝箔盒、纸餐盒等。

（3）辅助用品。辅助用品主要包括餐布、餐谱、面包夹、面包篮、大小托盘、保温桶、开瓶器、摇酒壶、毛巾夹、纸巾、杯垫等。

4. 餐车

餐车一般用于存放餐食、饮品、餐具等服务用品，包括整餐车、半餐车、免税品车和供酒车等。

5. 舒适用品

舒适用品一般包括被子、毛毯、靠枕、拖鞋、洗漱包和毛巾等。

6. 卫生间用品

卫生间用品一般包括洗手液、肥皂、护手液、清香剂、擦手纸、卷筒纸和马桶垫纸等。

3.1.3　餐食/机供品检查方法

（1）客舱乘务员检查新装机的盛装餐食/机供品的餐车、标准箱或其他包装物铅封完好，且铅封编号与随机供应物品配备清单记录一致。发现未铅封或编号不符时立即报告客舱经理/乘务长。客舱经理/乘务长应立即报告机长，并由空警/航空安全员负责检查，确认不存在安全隐患后方可与机供员交接。

（2）客舱乘务员检查机供品、餐食的种类、数量，要求机供员按规定位置摆放。

（3）客舱经理/乘务长对餐食/机供品的配备情况签字确认。

3.1.4　机供品管理要求

机供品管理贯穿航班始终，乘务员要掌握管理要求和相关注意事项，做好机供品管理工作。

机供品管理主要包括以下要求。

1. 掌握配备标准

机供品的配备会随着航季的变化、旅客的需求、时刻的调整而做出相应的修订。乘务员要及时掌握这些信息，做到心中有数、准备充分。

（1）做好航前准备。乘务员在执行航班前必须做好航前准备，包括配备标准、旅客人数、餐饮品种等内容。若遇到航班延误，起飞时刻发生变化，供应的餐种也要随之变化。

（2）掌握服务要求。乘务员应熟练掌握机供品的供应方法、服务要求和注意事项，保证旅客得到良好的服务体验。乘务员要贯彻执行业务部门制定的各项服务要求，体现机供品提升服务价值的作用。

2. 航前仔细清点

机供品由地面工作人员先于机组登机前装载上机，存放于规定的位置。乘务员登机后在完成清点的前提下，与地面工作人员确认签字。

（1）核查铅封。由于航空安全运输的要求，机供品从仓库运输到飞机上必须进行铅封，乘务员要仔细核对铅封号，并对上机的机供品进行全面的安全检查，防止外来物品夹带上机。

（2）标准清点。乘务员要根据机供品单上的配备数量和种类进行核对，避免出现机供品数量的短缺和种类不符的现象，对后续的服务造成影响或航班延误。

（3）质量抽查。乘务员要抽查机供品的配机质量，如餐食的有效保质期、外包装的完好和用具的卫生质量等，确保机供品的质量符合健康卫生安全要求。

3. 加强过站监控

航班在过站期间会对机供品进行配送和增补。乘务员要了解乘机人数临时变化的情况，及时通知地面工作人员做好配送和增补；同时要加强过站期间的监控，防止发生机供品不必要的损耗。

（1）旅客人数变化。乘务员要在过站期间及时了解下一航段的旅客人数，一旦发生人数变化与机供品配备数量不符合，要及时通知地面工作人员进行补充或回退。

（2）防止意外消耗。过站期间会有客舱清洁、设备检修等地面人员进入客舱，乘务员要加强机供品的保管和监控，避免发生误将正常的机供品当作废弃物而卸下飞机的现象，不但会造成意外的浪费，还会影响后续航班的正常服务。

4. 航后回收交接

结束航班任务前，乘务员要对剩余的机供品进行清点、整理和分类，集中放置在规定的位置并准确填写机供品的使用情况。在有条件的情况下，做好与地面人员的当面交接工作。

3.1.5 机供品管理的意义

（1）有助于充分发挥机供品的效能。乘务员要充分利用机上配备的机供品资源，根据旅客的需求、航班的特点和季节的因素等，合理使用和调节机供品，发挥机供品的最大效能，从而提高旅客的满意度。

（2）有助于推进精细化管理。机供品是航空公司的成本支出，乘务员要树立成本控制意识，加强对机供品的使用管理，倡导绿色环保理念，实现降本增效。

3.2 特殊餐食

特殊餐食是为了不得已的原因不能食用正常机内餐食的旅客而特别准备的，除特殊餐食外，旅客不能依据个人喜好申请餐食。

3.2.1 特殊餐食预订

旅客应在起飞前至少 24 h（犹太餐除外）向售票点或售票网站提出申请预订。

表 3-6 列举了机上常见特殊餐的介绍，包括特殊餐代码、英文全称、中文全称及详情介绍。

表 3-6 机上常见特殊餐食种类

代码	英文全称	中文全称	详情
AVML	Vegetarian Asian（Hindu）Meal	亚洲素餐	主要为以印度为中心的亚洲地区素食主义者提供的餐食。餐食不含肉类、鱼类、贝类、蛋类及乳制品，但多使用香辣辅料
VOML	Vegetarian Oriental Meal	东方素餐	按照中式或东方的烹饪方法制作。不带有肉、鱼或野味、奶制品或任何生长在地下的根茎类蔬菜，如生姜、大蒜、洋葱、大葱等
VGML	Vegetarian Vegan Meal	严格西素	为西方国家的素食主义者提供的餐食，西式烹饪不含各种肉类和乳制品
VLML	Vegetarian Lacto-Ovo Meal	不严格西素	为西方国家的素食主义者提供的餐食，西式烹饪不含各种肉类，含乳制品
RVML	Raw Vegetarian Meal	生蔬菜餐	餐食仅以水果及蔬菜为原料，不含有任何动物蛋白原料
HNML	Hindu Meal	印度教餐	一种印度式菜肴，牛肉是绝对被禁止的，可含羊肉、家禽、其他肉类、鱼类及奶类制品。严格的印度教徒绝大多数是素食者
KSML	Kosher Meal	犹太教餐	专门为犹太正信教教徒准备的餐食，按照犹太教的规定，烹饪必须在祷告后完成，因此，罐头食品成为主要餐食内容，除鸡肉和鱼肉外，有时还有被称为"matzos"的面包。犹太教禁止食用猪肉和火腿。其他食品只有在犹太教教士的监督下屠宰的才可接受
MOML	Moslem Meal	穆斯林餐	专门为伊斯兰教教徒准备的餐食。严守教规的穆斯林希望肉食是依教规屠宰的，牛羊肉可接受，鱼是允许的。烹调过程中一般不使用酒精

续表

代码	英文全称	中文全称	详情
CHML	Child Meal	儿童餐	多是一些儿童喜欢的食品，如鱼排、香肠、春卷、比萨等；开胃菜通常是鲜果、巧克力布丁、果料甜点等
BBML	Baby Meal	婴儿餐	多为水果泥、蔬菜泥等婴儿食品
DBML	Diabetic Meal	糖尿病餐	包含脂肪含量较少的瘦肉、高纤维食品、新鲜的蔬菜水果、面包和谷物等，此种餐食对于是否需要依赖胰岛素的糖尿病人都适用
BLML	Bland Meal	溃疡餐	不含能引起肠胃不适的食物，此种餐食含极少的食用纤维及低脂肪
LSML	Low Salt Meal	低盐餐	适合高血压、心脏病和肾脏病患者的特殊餐食。餐食严格控制食品的钠含量，以生鲜蔬菜、饼干、面糊、低脂肪的瘦肉、低热量的黄油、高纤维低盐的面包、水果、沙拉等食物为主

知识加油站

犹太教餐（代码：KSML，英文全称：Kosher Meal）

（1）犹太人只食用他们认为洁净的动物，如牛、羊、家禽和带鳞的鱼。忌食用猪肉、马肉、带血的食物。

（2）在为犹太人提供犹太教餐时，务必保证包装完整，待旅客确认后，撕开包装单独烘烤（图3-41）。

（3）旅客需要提前48 h预定。

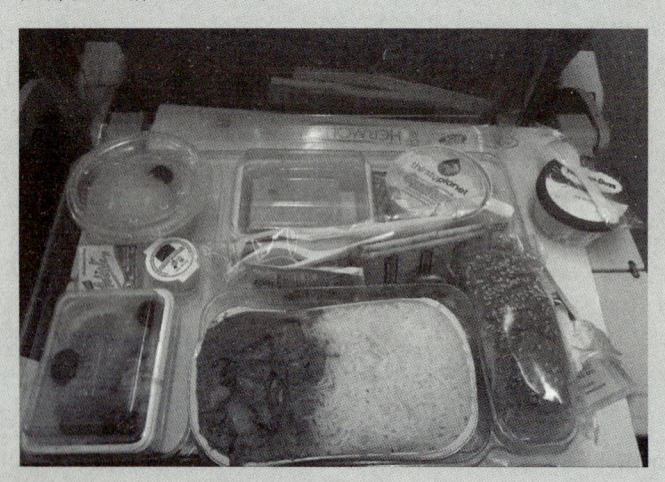

图3-41 犹太教餐

任务实施

情境模拟：

荷兰飞往北京的航班中，一位犹太教旅客在航班起飞前未提前预订特殊餐食。

实施步骤：

步骤一：情境发布——有犹太教旅客未提前预订特殊餐食该怎么处理？

步骤二：小组讨论——特殊餐食未预订时的处理方案是什么？

（1）现有餐食可以拼凑；

（2）弥补措施。

步骤三：角色扮演——由小组成员分别扮演乘务员与旅客，进行情境模拟。

任务评价

请根据表 3-7 对上述任务实施的结果进行评价。

表 3-7　任务实施评价表

评价内容	分值	评分	备注
合理解决宗教旅客未预订特殊餐食问题	40		
熟练掌握与旅客沟通的服务用语	30		
情境模拟中积极参与角色扮演	20		
小组讨论组织得当、气氛活跃	10		
合计	100		

项目总结

直接准备阶段直接关系到空中乘务工作的有效实施和服务质量,各项准备工作就绪后,乘务员需将准备情况报告乘务长。本项目主要介绍机上设备名称和使用方法、机上应急设备名称和检查方法、机供品等。

思考与练习

一、判断题

1. 救生衣只能通过拉动充气阀门充气。（   ）
2. 应急灯接通后,可为客舱提供 30 min 照明。（   ）
3. 化学氧气发生器方式供氧,一旦启动,可以随时关闭。（   ）
4. 水灭火瓶适用 A 类火灾。（   ）
5. 海水手电筒只能使用一次。（   ）

二、单选题

1. （311/310 L）系列便携式氧气瓶有高低两种流量,使用时间分别为（   ）min。
   A. 77～155   B. 15～25   C. 20～60   D. 30～60
2. 防护式呼吸装置应在（   ）戴好。
   A. 有烟区域   B. 无烟区域   C. 任何环境   D. 厨房
3. 1 周岁以上的儿童应使用（   ）救生衣。
   A. 成人   B. 婴儿   C. 机组   D. 儿童
4. 卫生间顶部储藏有（   ）个氧气面罩。
   A. 1   B. 2   C. 3   D. 4
5. 当座舱高度达到（   ）时,客舱内氧气面罩将自动脱落。
   A. 14 000 m   B. 10 000 ft   C. 14 000 ft   D. A+B

三、填空题

1. 救生衣上的定位灯_____提供电源。
2. 机组救生衣为_____色。
3. 特殊餐食（除犹太教餐外）需要提前_____h 预订。
4. 特殊餐食应_____于普通餐食提供。
5. 乘务员在拿到机供品/餐食进行检查清点前应核对_____。

四、简答题

1. 简述氧气瓶的使用方法和注意事项。
2. 简述舱门从内部开门时的操作方法。
3. 简述糖尿病餐的提供内容。
4. 简述餐食/机供品的检查方法。
5. 简述防烟面罩跳开关的使用注意事项。

参考答案

项目 4
乘务工作四阶段之飞行实施阶段

项目导入

课件：飞行实施阶段

飞行实施阶段是乘务工作四个阶段中唯一与旅客接触和交流的阶段，是指客舱乘务员进入客舱完成直接准备阶段的工作后到旅客下机前的过程。飞行实施阶段的工作细致、繁琐，该阶段的工作会直接影响旅客的出行体验，是保障航班客舱安全和服务质量的关键阶段。

任务 1　迎接旅客登机

知识目标
1. 了解迎客工作的重要性；
2. 掌握应急出口座位就座原则。

能力目标
1. 能够安排旅客行李并引导旅客快速入座；
2. 能够进行应急出口座位确认；
3. 能够及时处理旅客登机阶段常见问题。

素养目标
1. 培养细心严谨的职业品质；
2. 培养高度尽责的安全意识；
3. 培养爱岗敬业、乐于助人的精神；
4. 培养文明、和谐、敬业、友善的社会主义核心价值观。

任务导入

空姐手里拿着的是什么东西呢？

经常坐飞机的旅客可能会发现这样一件事情：在旅客登机之后，经常会看到空姐拿着一个类似打火机的东西边走边按。很多人都不知道这是什么东西，为什么要按？有旅客表示一直以为是为了检查手机信号的。

其实她们手里拿着那个长得很像打火机的东西叫作客舱计数器（图4-1），它是飞机上必备的物品，是为了校对客舱中旅客数量的。

思考：乘务员在登机时使用计数器的目的是什么？

图 4-1　客舱计数器

> 知识讲解

迎客阶段是旅客对乘务员形成"第一印象"的重要过程。在航班中，乘务员的迎送服务既表达了对旅客的欢迎、尊重和感谢，还体现了乘务员的职业素养。因此，乘务员必须正确认识到迎客工作的重要性，要让旅客从登机这一刻就有宾至如归的感觉，为后续客舱服务奠定良好的情感基础。

1.1 迎客工作

1.1.1 迎客工作要点

1. 整理自己的仪容仪表

旅客登机前，乘务员需要再次检查自己的仪容仪表，检查发型、妆容、制服等是否符合乘务员的职业形象要求，对不足之处应及时进行整理。

2. 站在指定位置迎接旅客

收到乘务长准备登机的信号后，各号位乘务员应按照航前准备会分配好的号位，站在各自负责的区域内，保持正确的站姿，面带微笑，静待旅客的到来（图4-2）。

图 4-2　迎客

> **知识加油站**
>
> **迎客服务用语**
>
> 您好，欢迎登机。/ 您好，请往这边走。
>
> 您好，您的座位是 5 排 A 座，请跟我来。
>
> 您好，您的座位在这里，请入座。祝您旅途愉快。
>
> 您好，我帮您摆放行李好吗？
>
> 对不起，先生 / 小姐，请您先侧侧身 / 请您先入座，让后面的旅客过去好吗？谢谢您的配合。
>
> 广播台：
>
> 女士们、先生们：
>
> 欢迎您乘坐 ＿＿＿ 航空公司（空中客车 / 波音）＿＿＿ 型飞机，本次航班从 ＿＿＿ 飞往 ＿＿＿（经停 ＿＿＿）。
>
> 当您进入客舱后，请留意行李架边缘的座位号码，对号入座。您的手提物品可以放在行李架内或座椅下方，请保持过道及紧急出口通畅。
>
> 如果有需要帮助的旅客，我们很乐意协助您。
>
> Ladies and gentlemen,
>
> Welcome aboard ＿＿＿ Airlines, from ＿＿＿ to ＿＿＿（via ＿＿＿）. And the aircraft is（an Airbus / a Boeing）＿＿＿.
>
> As you enter the cabin, please take your seat as soon as possible. Your seat number is indicated on the edge of the overhead bins. Please put your carry-on baggage in the overhead bin or under the seat in front of you.
>
> If you need any assistance, we are glad to help you.

1.1.2 旅客登机

1. 清点人数

乘务长可利用客舱计数器对旅客人数进行清点工作，1 人计数 1 次，儿童或婴儿均应进行计数，一人买 2 张票的旅客以 2 人进行计数。

> **岗位小贴士**
>
> 在使用计数器前，应确认计数器已归零并且在可用状态。在舱门口数客时，不可将计数器放在旅客面前进行数客。

2. 迎客要求

（1）保持标准站姿，表情自然，面带微笑，与旅客进行目光接触，热情主动地问候进入客舱的每位旅客并回答旅客问询。乘务员可查看旅客登机牌，主动引导座位方向。

（2）使用普通话或相应的外语（以英语为主）问候旅客，问候时，要注意语气应亲切自然，语调要微微上扬。

（3）五指并拢，动作规范指示座位方向。

（4）对进入客舱的旅客鞠躬，表达尊重和诚意，上身鞠躬15°～30°。

（5）当旅客进入客舱，走到面前，乘务员须主动问候"您好，欢迎登机！"

1.1.3 引导入座

1. 询问指引

乘务员应面带微笑，上前询问旅客座位号码并主动引导或告知座位的大致方向，如图4-3所示。

图4-3 乘务员主动热情地指示座位

2. 动作规范

乘务员的引导手势应五指并拢，小臂带动大臂，手心微斜，指示座位的方向，根据指示距离远近调整手臂弯曲程度，目光与所指示方向保持一致。

3. 座位确认

指引旅客到达座位后，乘务员可向旅客指示座位号，并结合语言"您好，您的座位在这里，请坐，祝您旅途愉快！"

4. 设施介绍

主动对行动不便的旅客进行客舱设施的介绍，如安全带的使用方法、洗手间的方位、座椅上方的服务组件等设施。

1.1.4 安放行李

（1）主动协助旅客安放行李，轻拿轻放，动作优雅；

（2）行李架内物品应避免叠放，防止在飞行或滑行过程中行李移动，导致打开行李架时物品滑落；

（3）应急出口及其座椅下方不允许存放行李，以免阻碍紧急情况逃离客机；

（4）旅客行李超大、超重时应提醒其在登机口办理托运，并在下机时在行李提取处领取行李；

（5）不封闭的衣帽间仅可悬挂旅客衣物，不能存放行李；

（6）如果旅客座位上方行李架已满，应主动帮旅客寻找空余位置，协助旅客安放行李后，再次告知存放行李的座位号码，可在该行李上做相应标记，防止其他旅客错拿。移动旅客行李时，应征得其主人同意。

知识加油站

"刷脸"乘机带来全新体验

2019年国庆长假期间，首都机场在三座航站楼内推出了全新的航班面相识别自助乘机服务，旅客无论乘坐国内航班还是国际航班，在登机环节"刷脸"即可轻松登机。

据首都机场工作人员介绍，乘坐国内航班的旅客，在安检通道出示有效身份证件和登机凭证，并正视屏幕，便可使用"自助登机门"进行"刷脸"登机，无须再次出示登机凭证；乘坐国际航班的旅客，在办理值机手续时，不增加额外手续办理的情况下即可完成人脸信息注册，后续在国际旅客分流岗（仅T3）、安检验证及登机等环节中，均无须再次出示登机凭证，即可实现快速出行。同时，为了方便旅客查看自己的座位信息，旅客在"自助登机门""刷脸"成功后，自助闸机屏幕上会显示航班号、座位号等相关信息。

登机服务

任务实施

情境模拟：

旅客即将登机，乘务人员已到达指定位置，准备迎接。

实施步骤：

步骤一：情境发布——由杭州飞往重庆的航班准备登机了，本次航班有 102 位旅客，乘务员将根据航前准备会的号位安排，模拟迎客。

步骤二：小组讨论——各小组确认号位，讨论迎客要点。

步骤三：角色扮演——由学生扮演乘务员和旅客，完成迎客登机情境模拟。

任务评价

请根据表 4-1 对上述任务实施的结果进行评价。

表 4-1　任务实施评价表

评价内容	分值	评分	备注
小组讨论组织得当、气氛活跃	20		
熟练掌握迎客欢迎用语	30		
合理解决登机时的旅客问询	40		
情境模拟中积极参与角色扮演	10		
合计	100		

1.2　紧急出口座位评估

客舱乘务员需要及时评估出口座位旅客是否符合条件，并告知相应的要求和规定，对不符合条件或不愿意承担职责的旅客，应及时调整座位。

1. 定义

出口座位是指旅客从该座位可以不绕过障碍物或过道便可直接到达出口的座位，包括旅客自距离出口最近的过道到达出口必经的成排座位中的每个座位。

岗位小贴士

出口座位旅客入座后，责任乘务员应评估其符合性并进行应急出口简介，提示旅客根据"出口座位须知卡"的要求进行自我对照。

2. 出口旅客座位限制

（1）两臂、双手和双腿缺乏足够的运动功能、体力或灵活性；

（2）年龄不足15周岁，或没有陪伴的成年人、父母或其他亲属的协助，缺乏履行紧急出口座位旅客应当具备的能力；

（3）不能理解航空公司印制的"出口座位须知卡"相关内容的；

（4）缺乏理解机组指令的能力的；

（5）缺乏足够地将口头信息转达给其他旅客的能力的；

（6）缺乏足够的视力和听力的；

（7）需要照顾婴儿、幼儿的；

（8）操作应急设备可能会受到伤害的。

讨论：说说有哪些旅客不建议在紧急出口就座？

3. 出口评估要求

（1）每次起飞前，客舱乘务员需按照规定对出口座位旅客进行评估，并向乘务长报告；

（2）如出口座位前或后一排有特殊旅客就座，客舱乘务员须提醒旅客不要触碰紧急出口盖板。

紧急出口座位确认

4. 工作内容与规范用语

紧急出口确认工作内容与规范用语见表4-2。

表4-2 紧急出口确认工作内容与规范用语

工作内容	规范用语
（1）需对出口座位旅客进行逐一评估。 （2）需将旅客所有行李物品放置在行李架内。 （3）飞机推出前，将出口座位旅客评估情况报告给乘务长。 （4）随时关注出口座位旅客情况并进行评估，并将评估情况报告乘务长。 （5）对于不符合规定的旅客需要为其更换座位。 （6）如有特殊情况需要将旅客调至出口座位就座的，必须向该旅客进行出口座位的评估，并报告给乘务长。 （7）出口座位旅客就座后有任何不安全行为必须第一时间为其调换座位，并向乘务长报告。 （8）出口座位前后排有儿童旅客就座时，向其和家长告知严禁触动紧急出口盖板	（1）"先生/女士，您好！您的座位是紧急出口座位，正常情况下请不要触碰门上的盖板和里面的把手（手势到位），紧急情况下请您做我的援助者。起飞、降落时请将您的所有行李物品放在行李架里。这是'出口座位须知卡'及'安全须知卡'，请您仔细阅读，谢谢！" （2）"请问您是第一次坐紧急出口座位吗？" （3）（回答为"是"）"再次向您确认，在正常情况下请不要触碰门上的盖板和里面的把手，谢谢！"（手势到位） （4）（回答为"不是"）"好的，祝您旅途愉快！" （5）（正常情况）"报告乘务长，紧急出口共×名旅客，全部符合要求！"

任务实施

情境模拟：

2020年8月22日8：40，河南省公安厅机场公安局南阳机场公安分局接到CZ2047航班机组报警，报警称，该航班从广州飞往南阳，在抵达南阳姜营机场时，应急舱门突然被一名旅客打开造成应急滑梯弹出。

经查，旅客金某坐在应急舱门旁边。飞行时，航班乘务员按照规定向她出示了"安全须知卡"，告知其不要随意碰触应急舱门，以及紧急情况下应急舱门的开启方法和注意事项。由于是第一次坐飞机，金某对乘务员的话产生了误解。误以为乘务员的意思是让她帮助打开舱门方便旅客下机。于是，在航班落地停稳后，她直接将舱门打开，导致应急滑梯弹出、后续航班延误、航空公司经济受损等一系列后果。

按照《中华人民共和国治安管理处罚法》相关规定，金某将面临10～15日的行政拘留。

实施步骤：

步骤一：情境发布——旅客登机已经结束，紧急出口旅客已经入座，他看起来对于该座位很好奇，请模拟乘务员对该座位旅客进行确认。

步骤二：小组练习——对照"工作内容与规范用语"表，小组进行模拟练习。

步骤三：角色扮演——由小组成员分别扮演乘务员和紧急出口就座的旅客进行情境模拟。

任务评价

请根据表4-3对上述任务实施的结果进行评价。

表4-3 任务实施评价表

评价内容	分值	评分	备注
小组练习认真有成效	20		
熟练掌握紧急出口确认的用语	40		
合理解决紧急出口旅客的提问	30		
情境模拟中积极参与角色扮演	10		
合计	100		

任务 2　起飞前的服务

知识目标
1. 掌握安全演示的内容；
2. 掌握起飞前安全检查的要点；
3. 了解乘务员与地面资料交接内容。

能力目标
1. 能够准确进行安全演示；
2. 能够进行起飞前的安全检查；
3. 能够进行资料信息传递，并做好飞行服务预案。

素养目标
1. 培养热情、耐心的职业品质；
2. 培养对待安全工作严谨、细致的职业素养。

任务导入

2016年11月29日13：00左右，一架载有77人的巴西飞机在哥伦比亚第二大城市麦德林附近坠毁，事发客机遇难人数为71人。失事现场共有6人获救，其中1人在医院抢救无效去世（图4-4）。

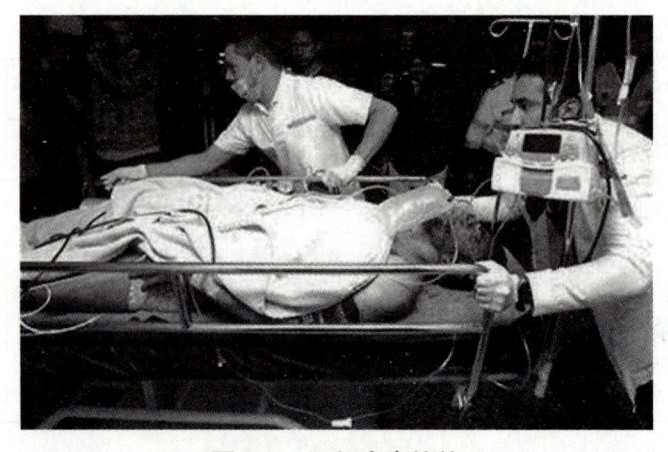

图4-4　飞机失事抢救

"这样的坠毁空难中,任何一位幸存者都可以说是奇迹!飞机的实际失事原因、失事过程及幸存者在飞机中的所处位置,都是引向奇迹的关键性因素。"英国基础飞行分析家亚利克斯·马切拉斯说。

据哥伦比亚航空部门公布的空难事故最新幸存者名单中,有 2 人是机组成员,其中 1 人在接受媒体采访时透露了自己生还的原因。"我之所以能够活下来,是因为按照安全指引去做的。在当时那种情况下,很多旅客都站了起来并且开始尖叫。但我将头包夹在两腿之间,然后将身体蜷缩起来,就像飞机的安全指引让我们做的那样。"

很多人坐飞机似乎都对起飞前空姐演示的安全指引不是很在意,但这起空难事件发生后,或许会让大家以后更加注意安全指引。

思考: 为什么航空公司要设计各种形式新颖的安全演示呢?

知识讲解

2.1 安全须知的介绍

目前,很多航空公司在飞机起飞前以播放安全须知录像的形式进行客舱安全演示,但有的航空公司因设备配置原因不能播放录像,一般会采取人工安全演示(安全演示广播)的方式进行客舱安全演示。

1. 安全演示

每个航段起飞前,乘务员都必须通过播放录像或直接演示的方式向旅客做好各项安全简介,包括飞机紧急出口的方向及其引导的标志和灯光、安全带的使用方法、机上的禁烟规定、电子设备的使用规则、应急漂浮设备的位置和使用方法等。

2. 个别简介

在每个航段起飞前,乘务员应当对在紧急情况下,需要他人协助才能迅速到达出口的旅客进行个别的简介,如无成人陪伴的儿童、体弱的老年旅客或行动不便的特殊旅客等,包括安全简介内容和紧急情况下最近的出口和方式等。

3. 安全演示评估

(1)播放安全演示录像或直接演示期间,客舱内停止一切服务,原则上不得进行安全检查工作,乘务员应加强客舱监控,提醒旅客观看安全简介。

(2)安全演示期间,没有特殊原因不允许有任何干扰。若航班出现特殊情况,如飞机故障、旅客突发疾病,可中断安全演示,待航班恢复正常后,重新进行安全演示,且飞机起飞前必须完成安全演示。

（3）若飞机即将起飞，安全演示还未完成，乘务长需要及时报告机长，飞机起飞前必须完成安全演示。

（4）在每一航班运行中，包括过站停留后继续飞行的航班，即使没有新增加的旅客，在所有旅客登机后，客舱乘务员都应对旅客做好安全简介。

知识加油站

安全演示

1. 救生衣演示

（1）广播员广播："女士们、先生们：现在客舱乘务员向您介绍救生衣、氧气面罩、安全带的使用方法和紧急出口的位置。"乘务员向旅客鞠躬30°致意，右手举起救生衣，与眼部平行。

（2）广播员广播："救生衣在您座椅下面的口袋里，仅供水上迫降时使用。在正常情况下请不要取出；使用时取出，经头部穿好，将带子由后向前扣好系紧。"乘务员开始穿救生衣，然后手指向下、手心向外拉紧带子，并对救生衣进行适当整理。

（3）广播员广播："当您离开飞机时，拉动救生衣两侧的红色充气手柄，但在客舱内请不要充气。"乘务员掌心向外，手指向上伸直，虎口处握住充气拉环向下拉两次，动作完成后双手自然下垂。

（4）广播员广播："充气不足时，请将救生衣上部的两个充气管拉出，用嘴向里充气。"乘务员双臂自然上举，双手取出人工充气管，然后先右后左做吹气动作。

2. 氧气面罩演示

（1）乘务员右手拿氧气面罩，将氧气面罩输氧管卷好握紧，双手自然下垂至身体两侧。

（2）广播员广播："氧气面罩储藏在您座椅的上方，发生紧急情况时，面罩会自动脱落。"乘务员举起氧气面罩放到右侧行李箱底边处，夹住氧气管让面罩自动脱落约 10 cm。

（3）广播员广播："氧气面罩脱落后，请用力向下拉面罩。将面罩罩在口鼻处，把带子套在头上进行正常呼吸。"乘务员左手轻拉两下，手停留在面罩处，然后将面罩罩在口鼻处；右手手背向上将带子套在头上并露出脸。

3. 安全带演示

（1）乘务员双手均四指并拢，拇指张开，左手拿住插片，右手拿住锁扣，两臂自然下垂。

（2）广播员广播："在您座椅上有两条可以对扣的安全带。"乘务员双手手心朝上托起安全带，与肩同宽。

（3）广播员广播："当'系好安全带'灯亮时，请系好安全带。"乘务员将安全带对插、扣好，然后手指向下、四指并拢，将扣好的安全带向两侧拉伸，与肩同宽，向旅客展示安全带。

4. 紧急出口演示

（1）广播员广播："本架飞机共有××个紧急出口，分别位于客舱的前部、中部和后部。"

1）广播至"前部"：乘务员双臂抬起夹紧，五指并拢，掌心相对，指尖指向机头方向，然后收回，双手轻握拳从耳际方向伸出，指尖伸直再次指向机头。

2）广播至"中部"：从上个动作开始，双臂保持不动，双掌向左右侧打开，只动手腕部位。

3）广播至"后部"：乘务员转身，双臂向前伸直与肩同宽，五指并拢，指尖指向机尾方向，然后收回，双手轻握拳从耳际方向伸出，指尖伸直再次指向机尾。

（2）广播员广播："在紧急情况下，客舱内所有的红色出口指示灯和白色通道指示灯会自动亮起，指引您从最近的出口撤离。"乘务员弯腰15°，右臂向前伸直，手掌伸直，从前向后画直线，准确直指应急灯位置，视线跟随手指的方向，然后退回。

5. "安全须知卡"演示

（1）广播员广播："在您座椅前方的口袋里备有'安全须知卡'，请您尽早阅读。"乘务员右手四指在前、拇指在后拿住"安全须知卡"的下1/3处，双臂自然平行伸出，然后从左至右平行移动"安全须知卡"，移动幅度为左肩至右肩的宽度。

（2）乘务员双手横拿"安全须知卡"，放于身前鞠躬45°致谢。

新西兰航空公司航空安全宣传片：《霍比特人》版

（3）乘务员将氧气面罩、安全带、"安全须知卡"拿好，整齐向右转身，统一回到前服务间，将"安全演示包"进行整理后放回指定位置。

2.2 起飞前安全检查

起飞前乘务员完成安全演示后,以及落地前 40 min,乘务长都应进行安全检查广播,同时乘务员需对客舱进行安全检查。

(1)检查旅客的电子设备是否关闭,如图 4-5 所示。
(2)检查旅客的安全带是否系好,如图 4-6 所示。

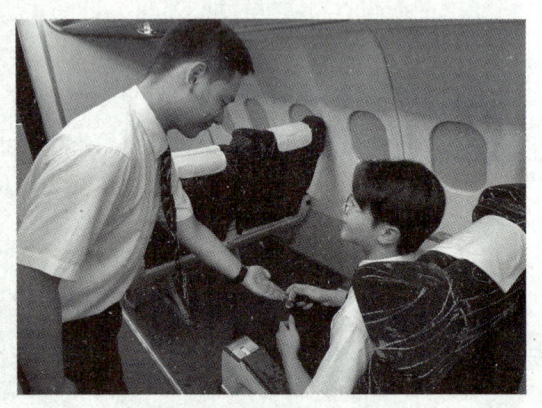

图 4-5 检查电子设备　　　　图 4-6 检查安全带

(3)提醒旅客调直座椅靠背、收起小桌板、打开遮光板,如图 4-7～图 4-9 所示。
(4)检查行李架是否扣紧,如图 4-10 所示。
(5)检查并确认紧急出口座位是否符合规定,如图 4-11 所示。
(6)检查机供品是否固定。
(7)调暗客舱灯光,乘务员回到执勤座位坐好,系好安全带和肩带。
(8)关断厨房电源,关闭供应品箱门,扣好锁扣,确认厨房台面无松散物品,确认餐车门锁闭,踩住刹车(图 4-12),扣好锁扣。

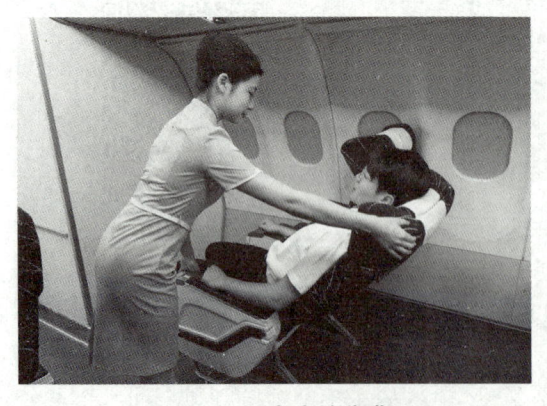

图 4-7 调直座椅靠背　　　　图 4-8 收起小桌板

图 4-9　打开遮光板　　　　　　　　图 4-10　检查行李架

图 4-11　确认紧急出口　　　　　　图 4-12　踩住刹车

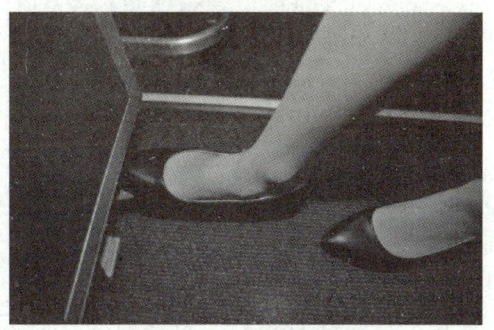

(9) 确认所有门帘拉开、扣紧,如图 4-13 所示。
(10) 确认洗手间无人使用、洗手间门已关闭,如图 4-14 所示。

图 4-13　扣紧门帘　　　　　　　　图 4-14　检查洗手间

拓展阅读

坐飞机被机上行李砸成重伤，谁来支付医药费？

市民李女士乘坐飞机返回深圳，就在飞机降落之后、旅客等待出舱的过程中，意外发生了！李女士突然被一个行李箱砸中了腰部，当即下半身失去了知觉！李女士说，昨天下午13：20，她从北京飞往深圳，就在飞机降落后滑行过程中，有一名女旅客起身取行李，行李箱很重，直接一拿就脱手了。

当时李女士也站起来了，背对着她，结果行李箱直接砸在李女士的身上。因为行李箱砸中腰椎部位，李女士当即瘫坐在座位上。

机舱里旅客被行李砸伤，这个责任该由谁来承担？

律师：航空器上发生意外，承运人应担责。根据《中华人民共和国民用航空法》第一百二十四条，因发生在民用航空器上或者在旅客上、下民用航空器过程中，造成旅客人身伤亡的，承运人应当承担责任；但是，旅客的人身伤亡完全是由于旅客本人的健康状况造成的，承运人不承担责任。《中华人民共和国民法典》第八百二十三条也规定："承运人应当对运输过程中旅客的伤亡承担赔偿责任。"这起意外过程中，承运人应该首先垫付李女士的治疗费用，随后根据责任的划分，向肇事旅客追偿。

岗位小贴士

此事件的发生不排除行李超重及没有安放稳妥，且由于航程中气流颠簸和下降时的飞机滑行冲力，导致在旅客开启行李架时物品掉落所致。

因此，乘务员在旅客安放行李时，要注意安全监控和帮助指导，确保旅客的行李物品存放妥当；且在飞机未完全停稳前，及时提醒旅客安全就座，避免发生类似的旅客受伤事件。

任务实施

情境模拟：
旅客全部登机，人数核对无误，滑梯预位操作完毕，舱门已经关闭，飞机准备起飞。

实施步骤：

步骤一：情境发布——本次航班舱门已经关闭，安全演示已经结束，请模拟该航班任务起飞前的安全检查工作。

步骤二：小组讨论——各小组分配号位，讨论起飞前安全检查要点。

步骤三：角色扮演——由学生扮演乘务员和旅客，完成起飞前安全检查情境模拟。

任务评价

请根据表 4-4 对上述任务实施的结果进行评价。

表 4-4　任务实施评价表

评价内容	分值	评分	备注
小组讨论组织得当、气氛活跃	20		
熟练掌握起飞前安全检查用语	40		
合理解决安全检查工作中的特殊情况	20		
情境模拟中积极参与角色扮演	20		
合计	100		

任务 3　特殊旅客服务

知识目标

1. 了解孕妇旅客的承运条件；
2. 了解晕机旅客的症状；
3. 了解押解犯罪嫌疑人的承运条件及注意事项；
4. 掌握无成人陪伴儿童旅客的运输条件；
5. 掌握各类特殊旅客的心理特点；
6. 掌握重要旅客的定义；
7. 熟悉特殊旅客的分类及英文代码。

能力目标

1. 能够准确辨别机上的特殊旅客；
2. 能够针对各类特殊旅客进行专业的客舱服务。

素养目标

1. 培养热情、耐心的专业品质；
2. 培养责任意识。

> **任务导入**

从"单一运输"到"多样服务"
——中国民航用真情温暖旅客出行路

重庆江北机场的工作人员王敏正为 6 岁半的任梓萱办理无成人陪伴乘机手续。顺利办完相关手续,在安检口,小梓萱不哭也不闹,与送她的奶奶挥手道别。"这已经不是她第一次独自坐飞机去上海与父母团聚了(图 4-15)。飞行全程都有工作人员陪着,到了目的地还会打电话来报平安,我很放心。"奶奶说。

放心源于信任,信任源自用心。改革开放之初,中国民航年旅客运输量仅 231 万人次;而如今,每年有超过 5.5 亿人次旅客享受到民航服务。随着旅客需求差异化的增加,中国民航的服务也变得更加个性化、便捷化、多样化,如设有方便贴心的母婴室、推出残疾人专属爱心专车、设置女性安检通道、开通"军人依法优先"通道、提供无成人陪伴儿童旅客服务、优化宠物托运流程等。中国民航把每一份"特别的爱"带给每一位特别的旅客。

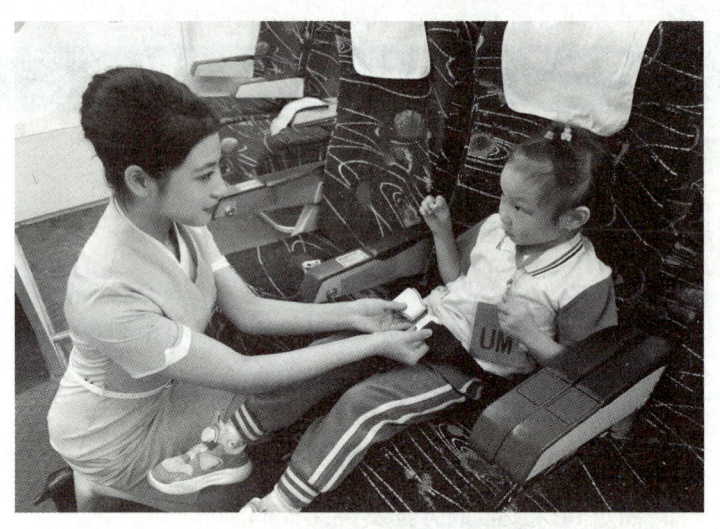

图 4-15 无成人陪伴儿童服务

思考: 执行航班任务时会面对各种不同的旅客,作为乘务员应如何做好服务工作呢?

> **知识讲解**

特殊旅客是指需要给予特别礼遇的旅客;或由于旅客的健康及其他特别状况需要给予特殊照顾、特别关注的旅客;或在一定条件下才能运输的旅客。特殊旅客包括重要旅客、儿童旅客、婴儿旅客、孕妇旅客、老年旅客、病残旅客、遣返及在押旅客、晕机旅客等。

旅客登机前，乘务长应先询问、了解特殊旅客的基本情况和特殊需求，了解病残旅客的病症及亲属或医护人员的陪同情况等，与地面工作人员交接特殊旅客并在"特殊旅客服务通知单"上签字，为航班服务做好准备。

乘务长应检查并保管相关特殊旅客的资料袋，检查内容如下：

（1）无人陪伴儿童的资料袋（机票、登机牌、户口簿／护照，接送人姓名、地址、电话，委托人的建议）、手提行李（区域乘务员保管）、交运行李牌。

（2）遣返旅客的资料袋（旅行证件及资料）等。

（3）签过字的"特殊旅客服务通知单"（表4-5）。

表 4-5　特殊旅客服务通知单

上机站		航班号		日期		机号	
旅客姓名	目的地	座位号	重要旅客	无成人陪伴儿童	病残旅客	特别餐食	其他
说明：							
客运值机员：		客运服务员：			客舱税务员：		

知识加油站

常见特殊旅客代码见表4-6。

表 4-6　常见特殊旅客代码

代码	释义
UM	无成人陪伴儿童
INFT	婴儿旅客
PREG	孕妇旅客
WCHR	地面轮椅服务旅客
WCHS	登机轮椅服务旅客
WCHC	机上轮椅服务旅客

续表

代码	释义
STCR	担架旅客
BLND	存在视觉障碍的旅客
DEAF	存在听觉障碍的旅客
MEDA	伤病旅客
INAD	被拒绝入境的旅客
PETC	客舱运输服务犬

3.1 无成人陪伴儿童

无成人陪伴儿童（Unaccompanied Minor，UM）又称无人陪伴儿童或无陪儿童，是指年龄满5（含）周岁但不满12（含）周岁，没有年满18（含）周岁且有民事行为能力的成年人陪伴乘机的儿童。

> **岗位小贴士**
>
> 儿童旅客是指年龄在2周岁以上（含）、12周岁以下（含）的旅客。其中2～4周岁儿童称为幼儿，乘机时应有同舱位的成年旅客陪伴且不得坐在紧急出口座位。

1. 国内主要航空公司 UM 旅客乘机规定

国内主要航空公司 UM 旅客乘机规定见表 4-7。

表 4-7 国内主要航空公司 UM 旅客乘机规定

年龄	限制
0～4 岁	不可单独乘机
5～11 岁	必须申请无成人陪伴儿童乘机服务
12～17 岁	可自愿申请无成人陪伴儿童乘机服务
18 岁以上	不提供无成人陪伴儿童乘机服务

2. 运输条件

（1）不满 5 周岁的儿童单独乘机，航空公司不予承运。

（2）可以在不备降，或预计非天气原因改程，或直飞目的地的航班上独自旅行。

（3）无成人陪伴儿童乘机申请一般需提前至少 48 h 提出，否则航空公司有权拒绝受理。对于乘坐国际航班或地区航线的无成人陪伴儿童，航空公司可能会收取一定的服务费用。

（4）无成人陪伴儿童上机前必须全程有工作人员陪同，且必须佩戴装有在到达站机场指定接儿童的成人姓名、地址的相关交接单据和有效证件的资料袋，且资料袋上必须有清晰的"UM"标志。

（5）无成人陪伴儿童不可安排在出口座位处。

（6）无成人陪伴儿童按正常票价的 50% 购票（图 4-16）。

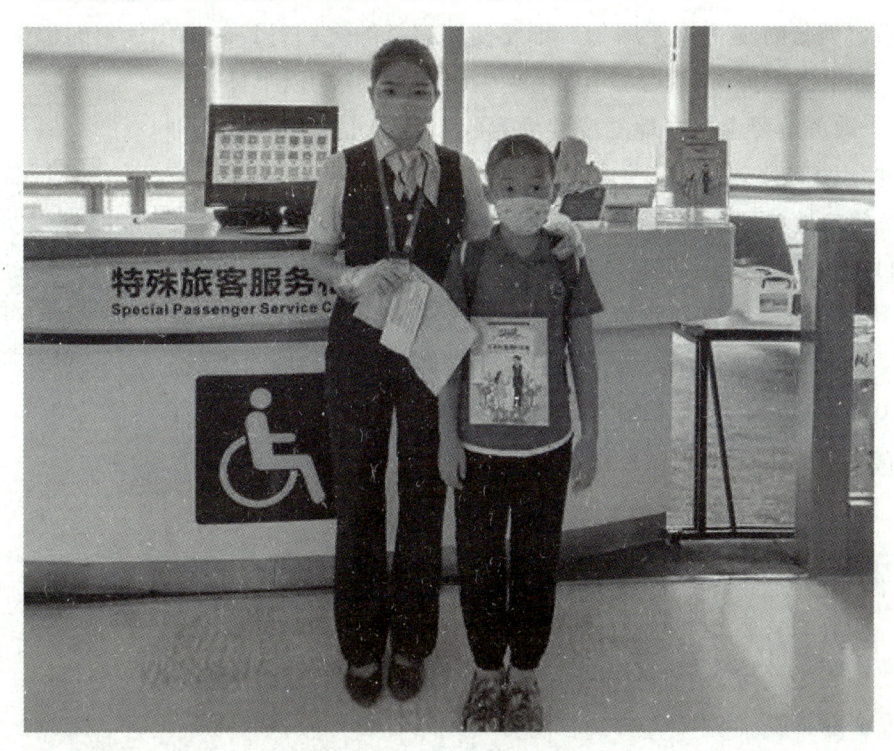

图 4-16　无成人陪伴儿童

3. 服务要点

（1）无成人陪伴儿童有优先登机权。

（2）乘务长须查看无成人陪伴儿童的资料袋，资料袋中应有乘机所需的文件和证件，如客票、收费单、身份证件等；客舱乘务员应重点确认以下信息：接送人姓名、地址、电话、家长特殊要求及有无随身携带行李。

（3）无成人陪伴儿童乘坐的航班是在中途做短暂经停的航班，可不下飞机，并由当班指定的乘务员在飞机上照料无成人陪伴儿童。

（4）如果停留时间很长、航班延误或取消等特殊情况时，乘务长应和地面服务人员联系，必要时将无成人陪伴儿童和相关资料移交给地面工作人员。

（5）无成人陪伴儿童入座后，由责任区域客舱乘务员负责照料，并用儿童旅客能理解的语言介绍安全带、呼唤铃、阅读灯的使用方法，以及最近洗手间的位置（但要防止触碰飞机上的应急设备及会危害或影响飞行安全的设备），详尽告诉儿童旅客远离厨房切勿在客舱内随意奔跑。

（6）服务时，可称呼儿童旅客的乳名，仔细观察他们的面部表情，给予亲切的问候；根据年龄和性格特点，提供机上玩具、儿童读物。

（7）及时了解无成人陪伴儿童的冷暖，并为其增减衣物；饮食上尽量根据交接单上填写的儿童生活习惯以满足儿童旅客的个性需求。用餐食时可帮助儿童旅客将食物分成小份，就餐时尽可能使用勺，不要使用刀叉等尖利餐具。提供饮料时以果汁等冷饮为主，如果需要提供热饮，建议不要太烫，冷热饮均以半杯为宜。

（8）乘务员要根据当地的温度为无成人陪伴儿童穿好适时的衣服，并帮助其整理行李，如是国际航班，还要帮助其填写好入境单和海关申报单。

（9）随时掌握无成人陪伴儿童的空中生活情况，及时填写空中个人生活记录。如遇到儿童旅客身体不适，要给予母亲般的照顾，必要时可将他（她）抱起给予他（她）温暖和关心，消除恐惧。

UM 旅客服务

（10）下机时，乘务长应和地面人员做好资料交接，并如实反映无成人陪伴儿童的空中生活情况。

拓展阅读

1. 购买无成人陪伴儿童的客票需要哪些证件？

购买无成人陪伴儿童的客票时，须提供相关证件，包括乘机儿童的户口簿或身份证，儿童父母或监护人的有效身份证件，并提供始发站、到达站接机人的详细地址和联系电话。接（送）机人在接送儿童时也要出示有效证件。

2. 可以通过哪些方式购买无成人陪伴儿童的客票？

无成人陪伴儿童属于"特殊旅客"，仅限在始发地的直属营业部或授权代理处购票和申请。

家长须至少提前 48 h 在航空公司售票处购票并提出申请，申请无成人陪伴儿童服务成功后，在乘机当天，无成人陪伴儿童的父母或监护人须携带乘机儿童的户口簿和乘机申请书，在机场候机楼现场办理儿童登机牌，并在问询柜台填写"无成人陪伴儿童乘机服务单"和佩戴好无成人陪伴标志牌挂袋，家长要仔细核对航班信息、接机人信息和随身及托运行李件数。

考虑到航班延误的问题，家长需在航班起飞后方可离开机场。

任务实施

情境模拟：

从上海到乌鲁木齐的航班上有一位名叫盼盼的 8 岁无成人陪伴儿童，客舱乘务员发餐后发现孩子不吃饭，请作为乘务人员的你了解情况。

实施步骤：

步骤一：小组讨论——考虑无成人陪伴儿童不吃饭的原因是什么。

（1）想念父母；

（2）厌食偏食；

（3）身体不适；

（4）其他原因。

步骤二：角色扮演——由小组成员分别扮演乘务员和无成人陪伴儿童，进行情境模拟。

任务评价

请根据表 4-8 对上述任务实施的结果进行评价。

表 4-8　任务实施评价表

评价内容	分值	评分	备注
小组讨论组织得当、气氛活跃	20		
熟练掌握与儿童沟通的服务用语	40		
合理解决无成人陪伴儿童"不吃饭"问题	30		
情境模拟中积极参与角色扮演	10		
合计	100		

3.2　带婴儿旅客

1. 运输条件和载运限制

（1）出生不足 14 天的婴儿和出生不足 90 天的早产婴儿，航空公司有权不予承运。

（2）婴儿应由年满 18 周岁以上成人陪伴方可。

（3）同一侧相连的 3 个座位上不得同时有 2 名不占座婴儿。

（4）不满 2 周岁的婴儿按照正常票价的 10% 购票的，不提供座位。

（5）超过 2 岁的幼儿应按照正常票价的 50% 购票。其中，燃油费减半，机场建设费免收，并单独占座位（图 4-17）。

（6）婴儿无免费行李额。

图 4-17　带婴儿旅客

2. 服务要点

（1）责任区域乘务员，协助抱婴儿的旅客提拿摆放随身行李，将婴儿旅途中需要的物品（如奶瓶、尿片）放在便于取拿的地方。

（2）帮助怀抱婴儿的旅客系好安全带，并告知旅客，不要将婴儿系在安全带内，如旅客提出需要婴儿安全带，可为其提供。

（3）向该旅客介绍机上服务设备，特别是呼唤铃、通风口、有婴儿护理板的盥洗室的位置和使用方法。

（4）主动询问是否需要毛毯，根据怀抱婴儿旅客需求提供。

（5）主动询问旅客是否需要帮助其冲洗奶瓶，根据旅客要求冲调奶粉或提供热水。

（6）调整好通风口，避免通风口直接对准婴儿。

（7）下机前根据旅客需要，帮助旅客整理随身携带的物品，并协助其提拿行李。

岗位小贴士

（1）通常情况下，不要替旅客抱婴儿；

（2）不得将怀抱婴儿的旅客安排在紧急出口的座位；

（3）飞机下降时如婴儿还在睡眠状态，提醒旅客将婴儿唤醒，以防客舱压力变化压迫耳膜，必要时可以给婴儿喂奶。

拓展阅读

怎么给婴儿泡奶

（1）尽量选择水温 40 ℃左右的白开水，先放水再放奶粉。

（2）加奶粉的量要按照比例加，每次加入奶粉不要过多，防止奶粉浓度发生变化。

（3）奶粉放入水中要用手捏住奶瓶，向一个方向轻轻晃动，晃动的过程中注意不要产生大量的气泡，否则婴儿喝完奶以后会出现打嗝、胀气的情况。

（4）冲调好的奶粉尽量在 30 min 内给婴儿喝完，防止变质。

（5）刚满月的婴儿喝了奶之后，容易吐出来，这时轻轻拍打他的背排出空气，可以让他舒服一些。同时，在喂奶时，不要让婴儿的肢体移动幅度太大。

一岁宝宝第一次坐飞机，母亲为旅客准备贴心小礼物

任务实施

情境模拟：

由上海飞往新加坡（飞行时间为 23：30—05：45）的航班上，有一对新手爸妈带着 10 个月大的婴儿坐在 42CD 位置。在飞行过程中，婴儿时不时地哭闹引起了周围部分旅客的不满，请作为乘务员解决这一问题。

实施步骤：

步骤一：小组讨论——婴儿哭闹的原因有哪些？家长的情绪如何？如何安抚周围旅客？

步骤二：角色扮演——由小组成员分别扮演乘务员、带婴儿的旅客和周围 1～2 位旅客，进行情境模拟。

任务评价

请根据表 4-9 对上述任务实施的结果进行评价。

表 4-9　任务实施评价表

评价内容	分值	评分	备注
小组讨论组织得当、气氛活跃	20		
熟练掌握安抚带婴儿旅客的情绪方法	30		
合理解决周围旅客的不满情绪	30		
情境模拟中积极参与角色扮演	20		
合计	100		

3.3　孕妇旅客与老年旅客

3.3.1　孕妇旅客

1. 运输条件和载运限制

（1）怀孕不足 8 个月（32 周）的孕妇乘机，除医生诊断不适宜乘机外，按一般旅客承运（图 4-18）。

（2）怀孕超过 8 个月（32 周）但不足 35 周的孕妇乘机，应办理乘机医疗许可，该乘机医疗许可应在乘机前 72 小时内签发有效，并经县级以上医疗单位盖章和医生签字方可生效。

（3）下列情况，航空公司一般不予承运：
1）怀孕 35 周（含）以上者；
2）预产日期在 4 周（含）以内者；
3）预产期临近但无法确定准确日期，已知为多胎分娩或预计有分娩并发症者；
4）产后不足 7 天者。

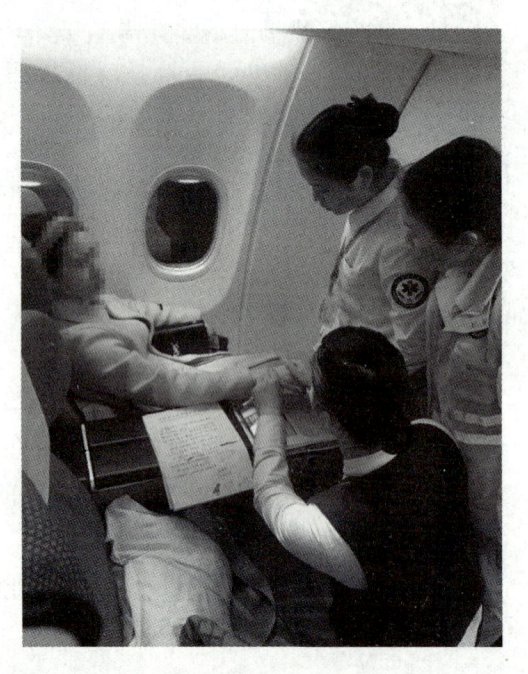

图 4-18　孕妇旅客

2. 服务要点

（1）登机前须了解孕妇的妊娠期是否符合乘机规定。

（2）主动协助孕妇提拿、安放随身携带的行李物品。

（3）提醒她在"系好安全带"灯亮时不要离开座位，并介绍安全带、呼唤铃、通风口的使用方法和紧急出口的位置。

（4）主动为其提供毛毯，让她在系好安全带的时候将毛毯垫在腹部，以起到缓冲的作用；如没有配备，则要提醒孕妇将安全带系在大腿根部，不能直接系在腹部。

（5）如孕妇即将分娩，乘务长应立即对乘务组进行分工，乘务员根据分工，尽快将孕妇安排在客舱相对隔离的地方；广播寻求机上医护人员或有经验的女士帮助；报告机长通知地面，采取相应措施；关闭孕妇周围通风器，注意消毒和保暖。

孕妇旅客服务

注意：孕妇不得安排在紧急出口座位。

3.3.2 老年旅客

1. 定义

老年旅客是指年龄超过 70 岁（含）的、需要一定照顾或服务的旅客（图 4-19）。

2. 服务要点

（1）老年旅客在登机时，乘务员须主动上前帮助其提拿行李，引导入座，并协助其安放随身物品。

（2）老年旅客入座后，乘务员须主动介绍座椅设施，如安全带的使用方法、紧急出口方向、阅读灯和空调出风口的调节方法、呼唤铃的位置及使用方法等；乘务员可主动询问是否需要毛毯，帮助盖毛毯时，可提示把安全带系在毛毯外部，可帮忙把腿、脚盖上或适当垫高下肢。

（3）老年旅客如携带了拐杖/手杖，由乘务员暂时为其保管，放置在衣帽间或有一定距离的封闭空间内，并在落地后及时归还。

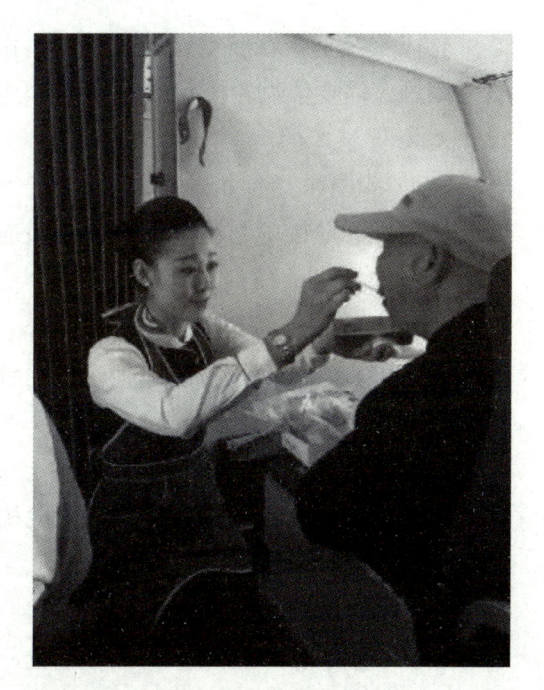

图 4-19 老年旅客

（4）与老年旅客交谈时，声音要略大、柔和，语速要慢，语言通俗易懂；由于老年旅客听力较差，对于机上广播听不清楚，乘务员应主动告知其相关的飞行信息。

103

（5）飞行过程中，随时关注老年旅客是否需要其他帮助，多与他们交谈，消除其旅途中的寂寞。

（6）起飞前安全检查时，应检查老年旅客的安全带是否扣好。

（7）供餐时，主动提供一些清淡、易消化、容易食用的餐食，并为其打开餐盒及刀叉包；供饮时，优先推荐低糖饮料和热饮。

（8）若行动不便的老年旅客需要用洗手间，应及时响应其服务需求，主动为其打开门，帮助放好马桶垫纸，介绍冲水按钮等，并在门口等候，协助其回到座位。

（9）下降前安全检查时，需要特别注意老年旅客的安全带是否扣好，了解旅客到达目的地后是否有人来接。对于无人陪伴的老人，乘务员要叮嘱老人落地后不要自行下机，等待乘务员的引领。

（10）落地后，协助老年旅客从行李架上取下行李，并协助其下飞机，交代地面服务人员给予适当的照顾。

3.4 轮椅旅客

1. 定义

轮椅旅客是指在航空旅行过程中，由于身体的缺陷，或病患不能独立行走，或步行有困难，需要依靠轮椅代步的旅客（图4-20）。

2. 轮椅旅客的种类和特点

（1）WCHR：是指旅客能够自行上、下飞机，在客舱内能自己走到座位的地面轮椅服务旅客。

（2）WCHS：是指旅客不能自行上、下飞机，但在客舱内能自己走到座位的登机轮椅服务旅客。

（3）WCHC：是指旅客完全不能走动，须他人协助才能进入客舱座位的机上轮椅服务旅客。

3. 轮椅旅客运输条件和载运限制

（1）轮椅旅客不能坐在出口座位，建议坐在走道位置，且在同一排座位上不能安排两名行动不便的旅客。

（2）承运人不得以航班上限制残障人人数为由，拒绝运输具备乘机条件的轮椅旅

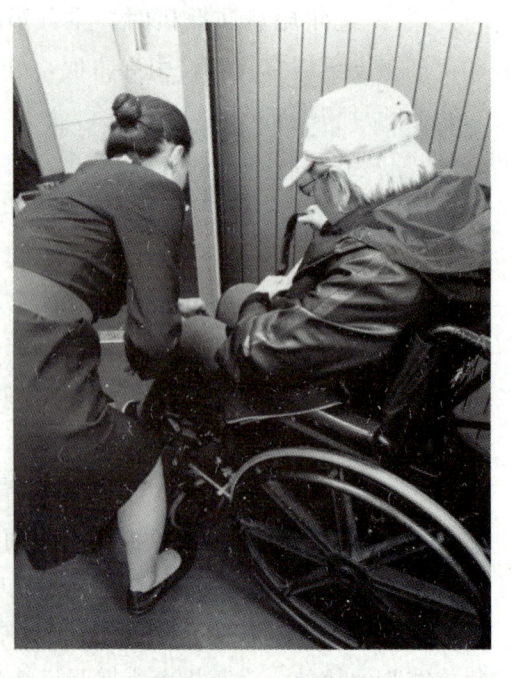

图4-20　轮椅旅客

客。航空公司一般每个航班对于 WCHC 轮椅旅客限制 2 名，对于 WCHR 轮椅旅客的人数不限。

（3）如抵达航班中有 WCHS 或 WCHC 类轮椅旅客需要地面人员接机时，乘务长须将信息报告机长，由飞行机组在落地前联系地面工作人员，落实好接机工作，还应要求地面尽量为旅客安排升降机或抬送旅客的人员。

4. 服务内容

（1）地面工作人员应为轮椅旅客准备一份"特殊旅客服务单"，并将服务单送交该航班乘务长，在服务单上应有特殊服务代码，乘务长要做好交接工作。

（2）乘务长在了解轮椅旅客信息、特殊需求和注意事项后指派一名乘务员专门负责照顾该旅客。

（3）原则上轮椅旅客提前登机。在为轮椅旅客提供帮助之前，须征求旅客意见，得到旅客同意后方可给予帮助。同时，尽量征询其随同人员，用最适宜的方式协助该旅客。

（4）在登机时，指定的乘务员协助轮椅旅客就座，协助放置其随身物品，协助保存辅助器具（将特殊旅客的行李安排在他们可以看见或方便提取的位置。不得把轮椅旅客带进客舱内的必需的辅助设备作为超大件行李限制）。

（5）乘务员应主动介绍安全带、呼唤铃等设备的使用方法及机上无障碍洗手间的位置。

（6）不强制轮椅旅客接受特殊服务。在照顾各类残障旅客时，随时观察旅客需求。可为残障旅客提供毛毯，协助残障旅客做进食准备，如打开包装、识别食品、介绍餐食位置等；不要触碰旅客伤残患病的部位，更不要伤害他的自尊心。如询问对方，可以询问："请问有什么需要帮忙"而不要问"请问您有什么残疾"。

（7）飞机下降前，了解轮椅旅客到达站机场，及时提醒该旅客是否已到目的地，并将目的地机场名称、到达时间、温度等信息告诉该旅客，同时提醒轮椅旅客在飞机着陆后在原座位休息，等候乘务员的协助。

（8）轮椅旅客最后下机。下机时，乘务员可协助轮椅旅客从座位移开，协助放置和取回其随身物品、辅助器具，并与地面服务人员进行交接。

5. 服务要点

一般来说，在照顾轮椅旅客时尽量做到以下几点：

（1）和轮椅旅客说话时，应在其旁边坐下来或蹲下来，不应该俯视该旅客说话，不要倚靠该旅客的轮椅。

（2）离开时，应获得轮椅旅客同意，并表明不能让其独处 30 min。

（3）对于 WCHR 及 WCHS 类型旅客或其他肢体残障旅客，乘务员主动搀扶协助其坐好。对于 WCHC 类型旅客，登机轮椅进入客舱旅客座位旁，乘务员打开过道座椅扶手，使用人工转运的方式帮助残障旅客就座。

（4）对于轮椅旅客，应先征求旅客同意后再移动旅客，根据其需要服务。当旅客需要使用客舱轮椅（航空公司配备）时，操作要求如下。

1）无论旅客有无提前申请客舱轮椅服务，在飞行途中，如有旅客提出需要使用客舱轮椅，乘务人员应及时提供客舱轮椅服务。

2）乘务人员从规定的储藏位置取出轮椅，打开为旅客使用。在使用完毕后，乘务人员负责将轮椅折叠后回归原位。

3）乘务员协助抬起座椅扶手，帮助旅客在座椅和轮椅之间移动。

4）客舱轮椅固定要使用刹车装置，避免出现轮椅在无人照看的情况下在过道中移动。

5）乘务员应保证轮椅旅客优先使用无障碍洗手间。

岗位小贴士

乘务员不得主动触碰轮椅旅客及伤处；为轮椅旅客服务前需征求该旅客或陪护人员的意见。

轮椅旅客入座服务　　　　WCHC 旅客入座服务

任务实施

情境模拟：

今日航班上 11D 旅客为 WCHR 旅客李先生，没有陪同人员的他携带了一件手提行李登机了，请对这位旅客进行登机服务。

实施步骤：

任务实施——按照小组进行讨论，思考对轮椅旅客的服务内容，并派 1～2 位同学进行角色扮演，进行情境展示。

任务评价

请根据表 4-10 对上述任务实施的结果进行评价。

表 4-10　任务实施评价表

评价内容	分值	评分	备注
小组讨论组织得当、气氛活跃	20		
熟练掌握轮椅旅客的服务内容	30		
合理解决旅客提出的需求	20		
情境模拟有效展现服务场景	30		
合计	100		

3.5　盲人旅客和聋哑人旅客

1. 服务特性

在接触盲人旅客和聋哑人旅客时，要特别注意考虑这类旅客的心理特性。他们通常不会主动麻烦乘务员，所以，应尽量默默地帮助他们，让他们感受到关心无处不在。

2. 盲人旅客服务要点

（1）乘务长与地面工作人员做好交接后，指定专门的乘务员引导盲人旅客就座。在征得旅客的同意后，让盲人旅客扶着乘务员的手臂或搭着乘务员的肩膀入座，不断提示前方的障碍物，协助其安放好随身行李，将盲人旅客常用的物品遵循安全规章要求放在前排座椅下方，同时引导盲人旅客触摸确认自己行李的位置。

（2）盲人旅客就座后，为其介绍周围的环境，帮助他触摸安全带、呼唤铃、通风口的位置，介绍救生衣、氧气面罩等应急设备的位置及紧急出口的方向。

（3）如果航空公司的运输条例允许盲人旅客携带导盲犬，则应将导盲犬安置在该旅客前方的地板上，导盲犬的头部要朝过道，并向周围旅客解释说明。

（4）供餐时，协助盲人旅客放下小桌板，为其介绍餐食、饮料的种类。为盲人旅客提供热饮时，不能倒得太满，递送时确认完全安放稳妥再放手。

（5）餐食服务时，可以将餐盘比喻为时钟，将餐盘内的食物和饮料的摆放位置按几点钟的方向告知旅客，也可引导盲人旅客触摸餐食，帮助其打开餐盒和餐具包。

（6）飞行中，主动询问盲人旅客是否需要使用洗手间，引导该旅客至洗手间，并让其触摸洗手间的设备，告知使用方法，在门口等候，随后引导回座位。

（7）下降前，帮助其整理随身行李，确认安全带是否系好，注意提醒盲人旅客飞机落地后等待乘务员引导，最后下飞机。

（8）落地后，引导盲人旅客下飞机，并帮助其提拿行李，与地面服务人员完成交接的相关手续。

3. 聋哑人旅客服务要点

（1）登机后，乘务员以书写或手语形式与聋哑人旅客（图4-21）沟通，向该旅客介绍安全带、头顶上方旅客服务组件的使用方法，以及最近的紧急出口和洗手间的位置。

（2）聋哑人旅客由于无法听到客舱里的信息广播，需要安排专人通过手语或书写形式告知广播的信息内容，尤其是飞行时间、航班延误及航班取消等信息。

（3）供餐时，将饮料和餐食的种类提前写在便签条上供聋哑人旅客选择。

（4）收餐时，征得聋哑人旅客的同意才可收走。

（5）与聋哑人旅客交流时，一定要有耐心，应提前准备好纸笔。

（6）下降前，以书写的形式告知聋哑人旅客到达的时间、当地温度等信息，确认是否需要提供协助服务。

图4-21 聋哑人旅客

盲人旅客服务　　　　聋哑旅客服务

任务实施

情境模拟：

航班上11D李先生为盲人旅客，其在导盲犬的陪同下携带了一件手提行李登机了，请对这位旅客进行登机服务。

实施步骤：

任务实施——按照小组进行讨论，思考对该旅客的服务内容，并派1～2位同学进行角色扮演，进行情境展示。

任务评价

请根据表4-11对上述任务实施的结果进行评价。

表4-11　任务实施评价表

评价内容	分值	评分	备注
小组讨论组织得当、气氛活跃	20		
熟练掌握盲人旅客及导盲犬的服务内容	30		
合理解决盲人旅客提出的需求	20		
情境模拟有效展现服务场景	30		
合计	100		

3.6 重要旅客与犯罪嫌疑人

3.6.1 重要旅客

1. 定义

重要旅客包括党和国家领导人及外国政府首脑，地方政府领导及军队重要领导，以及社会上其他具有重要影响的人士。

2. 服务特性

重要旅客可能更注重乘机环境的舒适和接受服务时心理上的满足，同时，因为坐飞机的机会较多，他们也会在乘机的过程中对机上服务进行比较，希望得到更个性化、更细致的服务。因此，乘务员在为他们服务时要注意言语得体、落落大方，按旅客需求提供良好的服务。

3. 服务注意事项

一般来说，各航空公司对重要旅客的服务保障标准不尽一致，乘务员需要根据公司的服务规范要求进行服务保障的准备工作，尤其注意接待时核实身份，称谓不能出错。

（1）起飞前接到重要旅客信息后，应了解该旅客的身份、级别、地位、姓名、习惯、饮食特点等。

（2）重要旅客登机前，对机供品的数量认真清点，对餐食的质量抽样检查，要严格把关，确保机上所有服务用具干净、卫生、无破损、无污渍、无异味，确认报刊的数量、种类充足。

（3）重要旅客登机时，应主动热情地向其打招呼，准确称呼其姓氏及职务，主动引导入座并帮助安放行李，如有必要应单独存放重要旅客的行李。

（4）重要旅客登机后，应尽早了解他们的饮食习惯、生活习惯等。

（5）飞机起飞后，如果重要旅客需要休息，应主动为其放倒椅背、放好枕头、盖好毛毯、拉上遮光板、关掉通风口和阅读灯；为正在看书报的重要旅客打开阅读灯；飞机上有娱乐设备的要协助重要旅客调试娱乐设备。

（6）供餐前，应征询重要旅客的用餐时间。

（7）加热餐食时，应注意食品的加工和加热，保证食品质量。

（8）为重要旅客服务过程中应提倡零干扰服务，在不影响其他旅客的前提下，为其提供服务。

（9）与重要旅客交谈时，要注意避免涉及商业机密或政治方面的问题。

（10）飞机降落前，如有替重要旅客保管的衣物应及时归还，优先告知目的地的相关信息等。

VIP 旅客服务

（11）送客时，重要旅客优先下机，热情主动地与其道别，并征询该旅客是否有对本航班服务工作的意见与建议。

3.6.2 押解犯罪嫌疑人

1. 运输条件

（1）运输犯罪嫌疑人只限在运输始发地申请办理订座购票手续。

（2）各地公安机关在执行押解犯罪嫌疑人任务过程中，应遵守"中国民航关于押解犯罪嫌疑人乘坐民航班机程序规定"执行。

（3）在执行押解犯罪嫌疑人任务前，须向当地民航公安机关通报案犯的情况和准备采取的安全措施，经航空公司同意后持地、市以上公安机关购票证明，以及押解人员身份证和工作证办理手续。对于在机场临时提出运输犯罪嫌疑人的情况，机场服务人员应及时上报，经航空公司同意方可运输，并告知旅客在机场公安办好相关手续。

（4）押解犯罪嫌疑人运输过程应注意保密，不得随意向无关人员透露。

2. 服务要点

（1）航班离站前，地面服务部门和乘务长办理交接，通知乘务长犯罪嫌疑人和押解人员的人数与座位号。乘务长必须核对犯罪嫌疑人和押送人员的人数，确认犯罪嫌

110

疑人已安排在规定的座位，并报告机长。

（2）犯罪嫌疑人应安排在经济舱后面或最后一排的中间座位，押解人员安排在其左右。

（3）犯罪嫌疑人及其押解人员应优先于一般旅客登机。

（4）不得为押解人员和犯罪嫌疑人提供刀、叉等用具及含酒精的饮料，提供给犯罪嫌疑人的食物或其他饮料应由押解人员决定。

（5）当航班到达目的地，应安排犯罪嫌疑人及其押解人员最后下机。

（6）押解人员如需携带武器，由机场公安部门和机场安检部门处理。

（7）航班过站一般不安排犯罪嫌疑人及其押解人员下机。

注意：在重要旅客乘坐的航班上，不得押送犯罪嫌疑人。

任务实施

情境模拟：

今日航班，有一位重要旅客（某市王市长）将入座头等舱1A，请对这位旅客进行登机服务。

实施步骤：

任务实施——按照小组进行讨论，思考对该旅客的服务内容，并派1～2位同学进行角色扮演，进行情境展示。

任务评价

请根据表4-12对上述任务实施的结果进行评价。

表4-12　任务实施评价表

评价内容	分值	评分	备注
小组讨论组织得当、气氛活跃	20		
熟练掌握重要旅客的服务内容	30		
合理解决重要旅客提出的需求	20		
情境模拟有效展现服务场景	30		
合计	100		

3.7　晕机旅客服务

飞机在飞行过程中，旅客会在客舱内受到震动、摇摆，部分人群的自身调节机制不能很好地适应并且调节自身平衡，会出现眩晕、呕吐等症状。

1. 晕机旅客表现

(1) 轻者表现为头痛、全身稍有不适、胸闷、脸色绯红。

(2) 严重者表现为脸色苍白发青、头痛心慌、表情淡漠、微汗。

(3) 更严重者表现出浑身盗汗、眩晕恶心、呕吐不止等难以忍受的痛苦（图 4-22）。

图 4-22　晕机旅客

2. 晕机旅客服务要点

(1) 旅客登机时告知有晕机的情况，客舱乘务员应尽量帮助其调整座位，可以选择远离发动机又靠近窗的座位，能减少噪声和扩大视野。

(2) 当需要服用乘晕宁时，客舱乘务员应该主动让晕机旅客阅读使用说明，确认可以服用时，填写航空公司免责声明单，然后提供药品。

(3) 航班中可以通过观察和聊天的方式查看晕机旅客的情况，指导其尽量将视线放远，观看沿途风景，如远处的云和山脉，分散注意力，放松心情。在和晕机旅客聊天时，不要谈及和晕机有关的内容。

(4) 旅客发生晕机时，可以用静卧休息或闭目养神、不进食饮水、深呼吸、用热毛巾擦脸或在额头放置凉的湿毛巾、指掐内关穴、用温水漱口、提供氧气等方式来减轻症状。

(5) 对于严重晕机的旅客，需提供氧气瓶让其吸氧。

任务实施

情境模拟：

2019 年春运，一名旅客晕机的症状比较严重，到了很难站立的程度，但他依然坚持要登机，乘务员夏涛也劝说了很久，他还是坚持要走。当时该旅客带了一名儿童，要到三亚去玩，乘务员只能暂时给他吃了药。说起这件事，夏涛还是有些着急："其实很多旅客都是这样的心理，这个跟去医院看病不一样，来了以后我就是来看病的。在这里很多旅客就想着我不是来看病的，我是来坐飞机要出去的。其实我们建议旅客尽量抓紧治疗。"

实施步骤：

任务实施——按照小组进行讨论，思考对该旅客的服务内容，并派 1～2 位同学进行角色扮演，进行情境展示。

任务评价

请根据表 4-13 对上述任务实施的结果进行评价。

表 4-13　任务实施评价表

评价内容	分值	评分	备注
小组讨论组织得当、气氛活跃	20		
熟练掌握晕机旅客的服务内容	30		
合理解决旅客提出的需求	20		
情境模拟有效展现服务场景	30		
合计	100		

任务 4　机上供餐供饮

知识目标
1. 掌握餐饮服务的基本知识；
2. 掌握机上餐饮服务语言与动作标准；
3. 掌握机上各类饮料的基本知识。

能力目标
1. 能够进行机上酒水餐饮服务；
2. 能够调制几款常见的机上的鸡尾酒。

素养目标
1. 培养较强的航空服务意识；
2. 培养良好的职业素养。

任务导入

揭秘海南航空机上餐食的安全制作全流程

随着现今人们的物质和文化水平迅猛提高,民航运输业的发展也日益增强,民航旅客对航空食品的需求也随之增多。大到一餐全宴美食,小到一份热腾腾的米饭,由于航空食品的特殊性,航空餐食安全这个往往被旅客忽视的点,却相比于其他食品行业更为重要。为让每位旅客在旅途中享用安全的机上餐食,海南航空严格把控每道制作环节,用心呈现云端美味。

1. 进入航食加工区,需与食物"隔离"

要进入航空食品的生产车间,工作人员必须先将自己与食物"隔离"。换上统一消毒清洗的"白大褂",即便是再短的头发也要裹进发网和一次性发套,戴上口罩,整个头部基本只露出了眼睛,再穿上一次性鞋套。

"一次预进间"是进入航食加工区的起点,进门先洗手。"用洗手液搓洗手部至少20秒,温水冲净后,用纸巾擦干,再用次氯酸钠消毒液浸泡10秒……"海南航空餐食制作人员介绍说。水池正前方的墙上贴着工作人员的着装标准及洗手示意图。每推开一道门,都有一项对应的工序要完成。

随后进入风淋室,一种通用性很强的局部净化设备,在不到一平方米的细长空间里站立,关上进出口的门,风淋喷嘴喷出高效过滤后的洁净强风,时长10秒。接下来使用粘毛器滚贴工作服上的毛发及异物,并在登记表上签字确认。

色、香、味俱全是对地面餐食的评价,而在航食领域,安全洁净永远是第一位的,所以在这个"特殊"的厨房,绝不允许有任何尘埃。从选定供应商到食物验收、加工、分装,再到运输,每一个环节都要保证干净和卫生。

2. 做航空餐,就是在有限的材料里发挥

航空餐需要复热才能食用,灭菌、烹饪,再迅速放置到冷柜打冷,分装后送到飞机上,由乘务员用烤箱加热后再分发给旅客,这样一来,原材料必须经过加热后还能保持不变形、不变质且不变色。

稀奇古怪的原材料绝对不能用,更确切地说,只有那些符合资质的大厂家才能为航空餐供应原料,营业执照、卫生检验检疫合格证、批次的检测报告……层层的要求限制说到底还是为了安全。

叶菜很少使用,因为加热以后绿叶会变色。飞机上常有颠簸,排骨也不适合。与其说哪些原料可以做成航空餐,不如更直接地问哪些材料不可用。有骨、有刺、易变质、爱掉渣、味道刺激的……都不能使用或尽量少用。做航空餐,就是在有限的材料里发挥。

而海南航空云端的食材选择和制作体系远比地面上复杂得多。"从安全的角度考虑，空中餐食中的禽类必须全熟。因此会选择体型小一点的鸡，口感更鲜嫩。"至于在空中保持美味的秘诀，"为了让肉质不干，航食会在煮好的鸡上放一点鸡油，用荷叶包起来，在汤汁中也放一些浓缩鸡汤，这样用烤箱加热后，鸡肉品尝起来也是软嫩的。"海南航空餐食研发人员说。

3. 生产过程中，不得不说的温度与时间控制

航空餐的制作车间，室内温度长年保持在 18 ℃以下。航空餐在加工过程中，为防止致病微生物的生长，食品分装、装配、冷食制作应在清洁的专用车间进行，冷链食品应按要求控制环境温度和操作时间。操作间环境温度低于 5 ℃的，操作时间不作限制；操作间环境温度处于 5 ℃~15 ℃（含）的，食品出冷藏库到操作完毕入冷藏库的时间要控制在 90 分钟内；操作间环境温度处于 15 ℃~21 ℃（含）的，食品出冷藏库到操作完毕入冷藏库的时间要控制在 45 分钟内；操作间环境温度高于 21 ℃的，食品出冷藏库到操作完毕入冷藏库的时间应要控制在 45 分钟内，且食品表面温度不高于 15 ℃。

装配好的航空餐，操作人员必须迅速放入 0 ℃~5 ℃的冷藏库内进行过渡冷藏，随后等待配送上机，配送过程也要全程冷链运输，目的就是为防止致病微生物滋生影响航空餐质量。

航空食品具有溯源机制，旅客品尝到的每一份美味的餐食，都承载着千万个航空食品从业者对安全风险的把控和用心的服务。民以食为天，食以安为先，海南航空将继续贯彻落实航空食品安全并创新民航餐食服务，让每一位民航旅客拥有一段愉悦的旅程。

讨论：飞机餐的准备有什么特别之处？你吃过哪些好吃的飞机餐呢？

知识讲解

为了满足旅客在航班中的餐饮需求，大多数航空公司都会为旅客提供餐食和饮料服务。餐饮服务也是乘务员的主要工作职责之一，因此，掌握餐饮服务的基本知识、服务技能是乘务员必备的本领，通过本任务内容的学习，学生们将掌握机上各类餐食、饮料知识。

4.1 餐前准备

4.1.1 烘烤餐食

烘烤餐食的步骤如下：

（1）进入后舱厨房，重点检查烤箱、水箱的指示灯是否正常，有无漏电、漏水情况，如图 4-23 所示。

图 4-23　检查烤箱运行情况

（2）打开烤箱进行检查并确认烤箱内没有异物（如纸屑、保鲜膜、大量油渍等）。

（3）确认设备运行正常后，开始烘烤餐食。应该使用中温进行烘烤，各种餐食的具体烘烤时间如下：

1）粥、西点（炒蛋、煎蛋）烘烤 15～20 min；

2）面条、米饭烘烤 20～25 min；

3）点心（面包、蛋糕、中点）烘烤 10～12 min；

4）肉夹馍、汤类烘烤 10～15 min。

（4）烘烤餐食 3～5 min 后，厨房乘务员用手背触碰烤箱门，测试烤箱门的温度，若发现烤箱工作温度不正常，应及时更换烤箱。

（5）烘烤餐食结束后，检查餐食受热是否均匀（瓷盘底部、热食盒外侧）、温度是否适中。餐食受热不均匀或未烤热，应继续烘烤。

4.1.2　摆放餐食

餐食的摆放要求如下：

（1）热食摆放：热食摆放在铺有垫纸的餐车台面上，摆放不超过 5 层，品种均衡，餐盒（盘）放于餐车内，如图 4-24 所示。

（2）冷盘及餐具摆放：冷盘及餐具放入餐盘，然后将餐盘放于餐车内部。

（3）小食品摆放：提前将小食品整齐摆放在透明塑料抽屉内，放置在餐车台面上，并准备与旅客人数相当的湿纸巾。

图 4-24　摆放餐食

4.1.3　提供餐食

1. 询问旅客

乘务员 45°面向旅客，面带微笑，主动询问："女士（先生），我们今天为您准备了鸡肉米饭和牛肉面条，请问您需要哪一种？"

2. 拿取餐食

拿取餐食时一定要记得踩下餐车的刹车，由下至上依次抽取餐盘，将餐车上的热食放于餐盘正中间，如图 4-25 所示。

图 4-25　拿取餐食

3. 递送餐食

（1）发餐时，面向旅客，按从前至后、先里后外的顺序递送餐食，左手递送给左侧的旅客，右手递送给右侧的旅客，避免手臂交叉。

（2）将餐盘递送给旅客的同时，亲切地告诉旅客："这是您的鸡肉米饭/牛肉面条，请慢用。"

4. 回收餐具

用空餐车回收餐具，餐车顶部放一个大托盘或塑料抽屉，用来放空的杯子和未使用的物品。回收餐食时，乘务员45°面向旅客，面带微笑地询问："女士（先生），您是否还需要继续用餐？"若旅客不需要继续用餐，将旅客用完的餐盒叠放好放入餐车，用过的餐盘从上往下逐个摆放。

送餐供饮服务

收餐

知识加油站

机上餐食的安全管理

（1）餐食装机后，乘务员应在航前做好餐食数量与质量的清点和检查，确认餐车或餐盒上的生产日期及离开冷库的时间标记。如果发现餐食过期或无时间标记，出现异味、变质、变色等，应及时与地面工作人员联系重新更换。

（2）用干冰冷藏的餐车在供餐之前不得随便开启，以保证冷藏效果。

（3）有冷藏设施的机型，餐食可在机上保存12 h，但这期间温度不得超过10 ℃；对于没有冷藏设施的机型，机上餐食的保存时间不得超过4 h；如遇航班延误超过上述时间限制，乘务员应及时报告机长，联系配餐公司重新更换。

（4）航班中乘务员如发现餐食出现异味、变质、变色等，不得提供给任何人食用，并及时上报机长。

（5）食品废弃物不得与机上其他食品接触，抵达机场后作为垃圾交由地面工作人员处理。

（6）非一次性的餐饮用具回收后应存放在餐车内，运回配餐公司处理。

任务实施

情境模拟：

广播："女士们、先生们，我们的飞机已经进入平飞阶段，我们精心为您准备了午餐，稍后我们将为您提供餐食服务，请您在座位上耐心等候。"

任务分析：

任务实施——按照小组进行角色扮演，其余同学作为航班上的旅客，进行情境展示。

任务评价

请根据表 4-14 对上述任务实施的结果进行评价。

表 4-14　任务实施评价表

评价内容	分值	评分	备注
能简单说出餐前准备的特点	20		
能在服务旅客的过程中使用正确的服务语言	30		
能熟练进行餐前准备	50		
合计	100		

4.2　饮料服务

4.2.1　冲泡热饮

（1）泡咖啡（图 4-26）。咖啡分为大包咖啡和小包咖啡及三合一速溶咖啡。

1）泡一壶时，将一大包咖啡放入壶内，加入热水或开水至壶的七成后搅拌。

2）泡一杯时，将一小包咖啡放入杯内，加入热水至杯的七成后搅拌。

咖啡拉花展示　　茶艺冲泡展示

（2）沏茶。将一包茶叶放入壶内，加入开水至壶的七成（图 4-27）。

图 4-26　泡咖啡　　图 4-27　沏茶

岗位小贴士

（1）为旅客提供热饮时，除非旅客特别指出，热饮五成即可，按照矿泉水、开水2∶1的配比提供，口感微温，且要做好语言提醒，防止因飞机颠簸或人为原因造成烫伤。

（2）为儿童旅客提供热饮时，不要将热饮直接递给儿童旅客，尽量给其监护人并做好叮嘱。

（3）无论乘务员责任还是旅客自身责任，发生烫伤第一时间首先做紧急处理，如确认伤势、冷敷、联系医生或地面等，并做好安抚旅客及其家人工作。请旅客所填的各类单据、书面内容视情况而定，不要一味机械化、程序化地在旅客还处于极度不安状态下填写，易引起旅客反感。

4.2.2 摆放餐车水车

（1）摆放餐车水车时，车上铺好防滑纸或餐车巾，水车的中部放一个塑料托，每种饮料摆在塑料托内，防止掉出。饮料的标签向外，内高外矮，使旅客一目了然。备份饮料放入餐车（图4-28）。

（2）杯子的高度以不超过车上最高的瓶子为准，水壶内的咖啡和茶水装七成满。

（3）热食摆放至餐车内时，不要叠放过高，避免滑落。

（4）餐车的饮料框内应摆放热饮杯（纸杯）及冷饮杯（塑料杯）。

（5）冷饮以矿泉水、碳酸饮料、果汁饮料及各类酒为主，热饮以茶和咖啡为主。

（6）餐车内另需准备冰桶、冰夹、小毛巾。

图4-28 餐车水车

> **岗位小贴士**
>
> 一般来说，航空公司会根据所飞目的地的特点、航线长短来调整餐车上塑料托内的物品，且每家航空公司的塑料托摆放会略有区别。

4.2.3 提供餐食

1. 端

（1）托盘竖着端，双手端在托盘的两侧后半部，高度为腰部，如图 4-29 所示。

（2）在客舱中转身时，盘子不转身体转。

（3）用大拖盘送水时，每盘摆 15 杯。

2. 拿

（1）拿杯子时要拿杯子的下部 1/3 处，如图 4-30 所示。

（2）拿大饮料瓶时，拿饮料瓶的中部。

（3）拿空托盘时，托盘面朝里，底部朝外竖着拿，垂直放在身体的一侧。

图 4-29　端托盘　　　　　　　　图 4-30　拿杯子的方式

3. 倒

（1）倒冷饮时，先询问是否需要加冰，再倒至杯子的七成。注意先加冰块，再添加饮料，冰块添加 2~3 块为宜（图 4-31）。

（2）为儿童旅客服务时，饮料倒至杯子的一半。

（3）倒带气饮料时，应将杯子倾斜 45°，沿杯壁倒至七成。

（4）进行供饮服务时，身体略微后退半步，手与餐车平面齐平。

4. 送

（1）供餐供饮服务时，将餐车推至客舱前部，服务顺序一般为从前往后，先左边后右边，先内部后外部，先女士后男士。

（2）特殊餐食应先于普通餐食送出。

（3）将餐盘从餐车中取出时，应从下往上取餐盘。送餐时，应双手端盘，将餐盒区热食摆放在小桌板正中间，标签朝向旅客，提醒旅客小心餐食温度。

（4）供餐/供饮时，应主动面向旅客45°，身体略向前倾，面带微笑，向旅客介绍饮料/餐食的种类："女士/先生，今天我们为您准备了××××，请问您喜欢哪种？"

（5）面向旅客服务时，左手递送左侧的旅客，右手递送右侧的旅客；背对旅客服务时，左手递送右侧旅客，右手递送左侧旅客（图4-32）。

（6）提供热饮服务时提醒旅客小心烫伤，颠簸期间停止热饮服务，提醒旅客注意安全。

图4-31　倒冷饮 　　　　图4-32　送饮料

5. 收

（1）回收前在餐车内准备空抽屉或托盘，携带小毛巾或湿纸巾。

（2）一般使用空餐车回收，餐车上放置空的塑料水托，回收空杯子（每摞不得超过5个杯子）。

（3）回收时，面向旅客45°，身体略向前倾，面带微笑，目光注视旅客："女士/先生，请问您还需要继续使用吗？"

收垃圾

（4）将回收的餐盒整理整齐，整齐稳妥地放在餐车里，用餐车收餐盘时，从上往下将餐盘摆放到餐车内。

（5）用托盘收杯子时，应遵守从前往后、先外后里的原则。将杯子从托盘的内处向外处摆放。

6. 推拉餐车

（1）推餐车时乘务员手扶在车上方两侧，四指并拢，如图4-33所示。

（2）拉餐车时乘务员手放在车上方的凹槽内，掌握好方向，慢慢拉动，不可过快（图 4-34）。

（3）推拉餐车时提醒旅客："餐车经过，旅客请小心。"

（4）停车时立即踩刹车。

图 4-33　推餐车 　　　　　　　　图 4-34　拉餐车

4.2.4　酒类饮品

1. 啤酒

一般在有热食的航班上会提供啤酒（图 4-35），提供时应注意以下几点：

（1）啤酒可提供冰镇和常温两种类型供旅客选择。

（2）开启啤酒时应借助小毛巾。

（3）倒酒时，杯子倾斜 45°，倒至杯子的 1/3 处，将杯子和啤酒罐一同交给旅客。

（4）如旅客无要求则无须加冰。

2. 葡萄酒

葡萄酒是以葡萄或葡萄汁为原料，经全部或部分发酵酿制而成，是酒精度大于或等于 7% 的酒精饮品（图 4-36）。

图 4-35　啤酒 　　　　　　　　图 4-36　葡萄酒

提供葡萄酒时应注意以下几点：

（1）开酒时应先在离瓶口 5 cm 的地方用刀转一圈，再用螺旋开关对准瓶塞中心垂直地往下转。注意做这些动作时，不能面对旅客。

（2）打开后，用餐巾纸将瓶口擦拭干净，将瓶口的酒稍微倒掉一些。

（3）送酒时，需介绍酒的全称，并将酒的商标请旅客过目。

（4）红葡萄酒可提供常温的，白葡萄酒最好冰镇至 10 ℃～ 12 ℃后再供应。

任务实施

实施步骤：

步骤一：情境发布——本次航班，机上供应的是午餐，分别有土豆鸡肉饭与红烧牛肉面条两种食物供应，机上的各类酒水、饮料也已经准备齐全。

步骤二：任务实施——按照小组进行角色扮演，其余同学作为航班上的旅客，进行情境展示。

任务评价

请根据表 4-15 对上述任务实施的结果进行评价。

表 4-15　任务实施评价表

评价内容	分值	评分	备注
在餐饮服务过程中使用恰当的服务语言	20		
熟练掌握餐饮服务过程中的各类技巧	50		
合理解决旅客提出的需求	10		
情境模拟有效展现服务场景	20		
合计	100		

4.3　特殊餐食服务

对于有特殊饮食需求及宗教信仰的旅客，航空公司还为其准备了特殊餐食。

（1）特殊餐食的预定。需要预订特殊餐食的旅客，应至少在航班起飞前 24 h 向售票网站或电话提出申请。

（2）特殊餐食的种类。

1）宗教信仰类特殊餐食。

①穆斯林餐（MOML）：专门为信仰伊斯兰教的旅客准备的餐食。菜肴不含有伊斯兰教教义禁止的食品。所有的家禽和动物在被宰杀和烹饪时需要按照伊斯兰教的有关规定。烹调过程中一般不使用酒精。

②印度教餐（HNML）：一种印度式菜肴，牛肉是绝对被禁止的，可含羊肉、家禽、其他肉类、鱼类及奶类制品。严格的印度教徒一般是素食者。

③耆那教餐（VJML）：专为耆那教徒提供，是严格的素餐，用亚洲方法烹制。无任何根类植物（如洋葱、姜、大蒜、胡萝卜等），无任何动物制品。

④犹太教餐（KSML）：依据犹太教的饮食习惯制作的餐食。按照犹太教的规定，烹饪必须在祷告后完成，因此，罐头食品成为主要餐食内容，除鸡肉和鱼肉外，有时还有被称为"matzos"的面包。犹太教禁止食用猪肉和火腿。其他食品只有是在犹太教教士的监督下屠宰的才可接受。

注意：犹太教餐的预定时间不同于其他特殊餐的预定时间，犹太教餐需提前48 h申请。

2）素食餐。

①严格西式素食餐（VGML）。素食餐也称无蛋奶餐。餐食中不能含有任何动物或动物制品，菜肴不包括肉、鱼、奶、蛋及相关制品，可食用人造黄油。

②不严格西式素食餐（VLML）。菜肴不包括肉或海鲜及其制品，但包括日常的黄油、奶酪、鸡蛋和牛奶。

③东方素食餐（VOML）。东方素食按照中式或东方的烹饪方式制作，不带有肉、鱼或野味、奶制品或任何根茎类蔬菜（如生姜、大蒜、洋葱、大葱等）。

④亚洲素食餐（AVML）。通常由来自南亚次大陆的旅客选定，一般用亚洲生产的蔬菜制作，不包括肉或海鲜及乳制品。烹饪过程中多使用香料。

3）体质要求类特殊餐食。

①婴儿餐（BBML）。婴儿餐适用于10个月以上的婴儿食用，主要为瓶装的去渣肉、蔬菜泥、小甜点和婴儿果汁等（图4-37）。

婴儿用餐时，乘务员应视情况提供相应的帮助，先提供婴儿餐食，再提供监护人餐食，也可根据旅客的要求按需提供。

②儿童餐（CHML）。菜肴中含有儿童喜欢的食物，避免过咸或过甜食品，一般情况下，适用于2～7岁的儿童旅客，比成人餐量少，易咬食和咀嚼。儿童喜爱的食品有鱼排、香肠、春卷、比萨，开胃菜通常是鲜果、布丁、果料甜品等。在提供儿童餐的甜品时，可以与家长先行沟通（图4-38）。

图 4-37　婴儿餐　　　　　　　　　图 4-38　儿童餐

③水果餐（FPML）。菜肴中仅有水果，包括新鲜水果、糖渍水果和水果甜品。

④海鲜餐（SFML）。专门为喜欢海鲜食物的旅客定制，菜肴中只有海鲜，不含其他肉类制品。

⑤生蔬菜餐（RVML）。餐食只有水果和蔬菜，不含任何动物蛋白原料。

⑥清淡餐/溃疡餐（BLML）。菜肴包括低脂肪和低纤维食物，不含油炸食物、胡椒、芥末、大蒜、坚果，以及含有咖啡因或酒精的饮料，适合有肠胃疾病的旅客食用，有清淡、易消化的特点。

⑦无乳糖餐（NLML）。菜肴中没有乳精及奶类制品，也没有任何相关材料，不含奶酪、酸奶、黄油、奶油、奶油类甜品和布丁、人造肉制品、蛋糕及饼干、土豆泥、太妃糖和巧克力。

4）健康医疗类特殊餐食。

①糖尿病餐（DBML）。菜肴为低糖食物，适合糖尿病人食用。面包、米饭、面条、通心粉等可少量食用，可含有肉类、家禽和海鲜，但是要避免有甜汁或甜味料等。

②低卡路里餐（LCML）。菜肴包括瘦肉、低脂肪奶制品和高纤维食物，不能含有糖、奶油、蛋黄酱、汁类和脂肪食品。

③低脂肪餐/低胆固醇餐（LFML）。适合需要减少脂肪摄入量的旅客食用，不含油炸食品、肥肉、奶制品、浓汁、动物内脏、带壳水产品、蛋黄和烘烤制品。

④低盐餐（LSML）。菜肴对盐的含量有一定的控制，主要是为患有高血压、闭尿症和肾病的旅客提供。食品中不含盐、蒜盐、谷氨酸钠、苏打、腌渍咸菜、罐头肉和鱼、奶油、贝壳类、土豆泥、肉汁类、鸡粉、面包、罐头蔬菜等。

⑤无麸质餐（GFML）。菜肴是为麸质过敏和不耐的旅客准备的。麸质是存在于小麦、大麦、燕麦、黑麦等中的蛋白质。该类餐食严禁含有面包、汁类、奶油蛋羹、蛋糕、巧克力、饼干、谷物。

（3）特殊餐食的服务。

1）航前准备会时，乘务长应向组员宣布当日航班的特殊餐食的情况。

2）直接准备时，厨房乘务员应及时清点及验收特殊餐食的种类、数量，申请旅客的姓名及座位号。

3）特殊餐食应优先于其他餐食提供。

4）在提供特殊餐食服务前，应向预定餐食上座位号的旅客确认姓名。

5）在进行供餐供饮服务时，应尊重各地区的风俗习惯。

特殊餐确认与服务

任务实施

实施步骤：

步骤一：情境发布——今日航班，有一位旅客预定了特殊餐（KSML），请对这位旅客进行服务。

步骤二：任务实施——按照小组进行角色扮演，进行情境展示。

任务评价

请根据表 4-16 对上述任务实施的结果进行评价。

表 4-16　任务实施评价表

评价内容	分值	评分	备注
能正确理解特殊餐食的含义	20		
能对服务对象使用正确的服务用语	30		
服务过程中，始终保持微笑	20		
掌握特殊餐食的服务要点与特点	30		
合计	100		

4.4　机上娱乐系统

1936 年，兴登堡号飞艇曾给往返于欧洲和美国的旅客提供钢琴、休息室、饭厅、吸烟室和酒吧等设备。第二次世界大战后，飞行娱乐逐渐转换为饮食和放映视频等服务。1985年，出现了个人多媒体播放器和耳机。20世纪90年代开始，娱乐设备成为航班不可或缺的一部分，也是机舱设计的一个重要因素。飞机内娱乐设备的设计需要考虑安全性、成本、软件和硬件的可靠性、用户使用体验等诸多方面。随着科技发展，飞行娱乐的方式也在不断改变。

1. 音频娱乐

音频娱乐包括音乐、新闻、戏剧等。飞机上一般提供多个频道供旅客选择，旅客可以通过座椅上的按钮或遥控器自行选择自己喜爱的频道。有些航班还允许旅客收听驾驶室内飞行员和其他飞机、地面控制台之间的通信对话。旅客需要使用耳机来收听这些音频，而航空公司一般会为没有耳机的旅客提供临时耳机。有的航班甚至允许旅客插入他们自己的iPod听他们自己的音乐。

2. 视频娱乐

视频娱乐是飞行娱乐系统的重要组成部分。根据不同的飞机，视频可以显示在机舱前方的大电视上，或是机舱上方的可伸缩电视，也可以是旅客座椅背部的个人电视机。而视频所搭配的音频，则需要旅客佩戴耳机。

一部分的视频娱乐系统与传统的DVD和Blu-ray一样，配置声音/字幕的切换系统，提供给不同语言的旅客，使其便于观赏机上提供的电视节目或电影。

3. 电影

电影服务也是飞行娱乐系统的一部分。旅客可以在操作系统中自由选择他们喜好的电影，并通过安装在前排座位背面的个人屏幕观看。对于不提供个人屏幕的飞机，有时会在机舱前面和顶端安装电视，循环播放由航空公司安排的视频。首个现代的常规电影服务是在1961年7月19日，从纽约至洛杉矶的班机开始的。

4. 个人电视

一些航空公司已经在长距离航线上安装了个人电视系统供每一位旅客使用。这些电视一般安装在旅客座椅背面。旅客可以使用遥控器选择自己喜爱的频道。与此同时，旅客不仅可以看实时节目，也可以观看非实时节目，并执行快进、快退、暂停等操作。

有些飞机机身装有摄影机，可让旅客选择观看摄影机拍摄到的机舱外画面，特别是起降期间的画面。

5. 逃生指南

每次班机起飞前，航空业者都会播映逃生指南，告知旅客在紧急状态下的应变措施。

6. 电子游戏

电子游戏也是飞行娱乐的一部分。一些游戏甚至可以支持飞机内旅客之间的联网对战。现如今，多数飞行娱乐游戏逐渐从纯对战式的游戏转为益智游戏，如语言学习、儿童迷你游戏等，使旅客在飞机上就可以通过玩小游戏来学习新知识。

7. 动态地图

动态地图是指旅客可以通过飞机机舱前方或座位背面的屏幕实时观察飞机所处的位置。地图系统可以显示飞机当前的位置、航线、飞行速度、高度、舱外温度、风速、飞行时间、目的地距离、天气及当地时间等基本信息（距离单位会同时显示公制/英制，温度单位会显示摄氏/华氏）。动态地图从飞机内的计算机系统获得数据信息。第一个供旅客使用的动态地图系统是1982年推出的。

8. 宗教相关

一部分伊斯兰国家的航空公司，为服务穆斯林旅客，航空业者会提供显示麦加方位的视窗供穆斯林旅客祷告，例如阿联酋联合航空、阿联酋航空、马来西亚航空、约旦皇家航空与卡塔尔航空；马来西亚航空会在机上娱乐系统设置《古兰经》电子书，印尼航空也会设置古兰经频道。

另外，某些伊斯兰国家民航业者也会实施飞行前祈祷的程序，机组员会将机上视频娱乐系统统一切换至《古兰经》祈祷文供穆斯林复诵，如阿联酋联合航空、文莱皇家航空、埃及航空、科威特航空、沙特阿拉伯航空、半岛航空与巴基斯坦国际航空。

在过去的一些年，飞行娱乐系统已经从传统的服务逐渐扩展到以往科技所不能达到的数据互联服务——如互联网、短信、移动电话服务、邮件服务等。

9. 卫星电话

一些航线提供卫星电话服务。电话服务的选单一般可以在发配给每位旅客的个人控制器中找到。旅客可以使用信用卡支付电话费用。卫星电话可以使机舱内的旅客给地面任何一个地方打电话，但价格高昂，无论打到哪里，每分钟通常收费达10美元，并且，即使对方没有接电话，仍要收费。这种卫星电话系统只能打出，一般无法接电话。一些航空公司还提供传真服务。而在一些飞机内，旅客可以轻易地给客舱内的其他旅客打电话，只需键入对方的座位号码即可接通。

10. 数据联通

飞行娱乐系统有时也包括飞机内部网络（局域网），允许飞机内的旅客互相联通或协作。例如，维珍航空和澳洲航空推出了机内互联娱乐系统，允许飞机内的旅客在线互相聊天、在飞机内提供的电子游戏中对决、在线调用乘务员、叫餐等。

11. SKY Wi-Fi

一些航空公司的飞机已经设有了 SKY Wi-Fi 系统。其信号源一般通过卫星中转或地面信号塔。人们已经可以在一些飞机上使用自己的手机或计算机按照航空公司的指引连接互联网。飞机内的 Wi-Fi 服务当前依然不成熟,信号会受到天气、地理位置等诸多因素的影响,且大多需付费使用。

12. 移动电话

一般而言,机舱内使用手机是被禁止的。然而,在现代科技的帮助下,一些航空公司已经允许旅客在特定航班上使用手机,但通常会要求旅客将手机设为飞行模式,以免手机的无线电收发影响航管通信。

任务实施

情境模拟:

阿联酋航空是第一个允许在飞行途中使用手机而无须打开飞行模式的航空公司,其移动电话业务在 2008 年 3 月 20 日正式开通,由 AeroMobile 电信公司提供技术支持,在机上安装有移动电话的基地台,信号经通信卫星转发。

实施步骤:

步骤一:情境发布——在本次航班上,旅客认为旅途过长,要求乘务员为其简单介绍一下机上的各类娱乐系统。

步骤二:任务实施——按照小组进行角色扮演,其余同学作为航班上的旅客,进行情境展示。

任务评价

请根据表 4-17 对上述任务实施的结果进行评价。

表 4-17 任务实施评价表

评价内容	分值	评分	备注
能简单说出机上娱乐的特点	20		
能在服务旅客的过程中使用正确的服务语言	30		
能熟练操作机上娱乐系统	50		
合计	100		

任务 5　CIQ 知识及免税商品销售

知识目标

1. 了解国际航班相关定义和内容；
2. 了解海关、移民局和检疫规定；
3. 了解免税品服务要求；
4. 了解国际航班服务注意事项。

能力目标

1. 能够完成 CIQ 表单的填写；
2. 能够进行免税商品的销售。

素养目标

培养细心、严谨的职业品质。

任务导入

守护安全的"汪星卫士"告诉你：为什么新鲜水果禁止携带入境？

提起海关队伍里的"汪星人"，大家都会想起缉毒犬的威武，事实上，除了缉毒犬，还有一群忠诚的"汪星卫士"，每天在国门履行着守护国家安全的职责。

珠海横琴口岸有一只曾在珠海市上岗资格考试中拿过第一的工作犬——艾奇，它和它的训导员梁广智，负责在横琴口岸查验禁止入境的动植物产品，守护国门生物安全。

"每一只工作犬都要经过严格的培训，通过上岗考核并取得认证资质后才能上岗。目前，横琴口岸共有 3 只工作犬，每日都有合理的工作排班。它们轮番上阵，每半小时换一次岗，个个都是查缉能手，有效开箱率高达 80% 以上。"梁广智介绍道。

艾奇今年 6 岁，多年的训练养成已让它成为"汪中翘楚"。步入通道，艾奇就直接开工了，完全不需要梁广智下任何指令。随着过关旅客逐渐增多，艾奇的工作劲头越来越足，每一件行李，艾奇都会闻一闻，生怕漏掉，无比敬业。没过多久，艾奇便在一名旅客的手提行李中发现一个苹果、一个火龙果、一个橘子。"新鲜水果是禁止携带入境物品，它们极有可能携带病原体和有害生物，一旦入境将给我国的生态环境造成不可估量的危害。"梁广智向旅客解释道。

在口岸一线，像梁广智和艾奇这样的拍档还有很多，他们彼此信赖，一同成长，只为更好地守护平安中国。生物安全是国家安全的重要组成部分，2021 年 4 月 15 日，《中华人民共和国生物安全法》正式施行。恰逢第 6 个全民国家安全教育日，更赋予了这部法律施行以特殊的意义。

知识讲解

5.1 CIQ 知识

1. 海关（Customs）

设在口岸的海关是海关派驻机构。海关按照海关法和其他有关部门法律法规对进出境物品进行监管，其目的是在方便合法进出和正常往来的同时，防止和禁止借进出境物品为名，非法进行走私违法活动。

2. 移民局（Immigration）

设在口岸的移民局，依据各国有关公民出 / 入境管理办法及有关部门法规，规定实施边防检查手续。所有进出境人员必须办妥出 / 入境手续后，才能获许进境或出境。

3. 检疫（Quarantine）

设在口岸的卫生检疫局是国家卫生管理部门的派驻机构，对出入境人员、动植物及所有货物进行卫生检查，控制传染病传入或传出。

证件种类：健康证明书、接种书、健康声明卡。

4. 世界各国（地区）办理出 / 入境手续顺序

出境：Q → C → I。

入境：Q → I → C。

5.2 中国 CIQ 规定

1. 海关免税规定

海关免税品享受年龄为 16 岁以上。

（1）当天往返，从港澳地区回来的旅客，可携带香烟 40 支，或雪茄 5 支，或烟丝 40 g。

（2）探亲、旅游、从港澳地区回来的旅客，可携带香烟 200 支，或雪茄 50 支，或烟丝 250 g，酒 1 瓶（不超过 0.75 L）。

（3）其他旅客，每次入境可携带香烟 400 支、酒 2 瓶（不超过 1.5 L）。

（4）驻外的外交人员、海员，每次入境可携带 400 支香烟，或雪茄 100 支，或烟丝 500 g，酒 2 瓶（不超过 1.5 L）。

（5）中国公民或外国公民出、入境时，每次可携带人民币 2 万元，外币折合成 5 000 美元，金银及其制品 50 g 以内。

（6）分运行李的旅客入境时必须填写"海关申报单"（图 4-39）。

（7）凡是超出海关规定限量、范围者，必须填写"海关申报单"。

（8）名贵中药材不可带出（含成药）境。

（9）凡是需要向海关申报者，通关时必须走红色通道。

（10）所有旅客到达中国入境的第一个口岸时，手提行李需要办理边防、检疫、海关的相关手续。托运行李到终点站办理相关手续。

（11）出境时，凡是超出限量、范围者，必须填写"海关申报单"。

2. 边防规定

（1）填写"出/入境卡"应用中、英文填写，不得涂改。

（2）每一位外国公民旅客都需要填写"出/入境卡"。

（3）每个人填写一张。

（4）外国旅游团体持中国签证的客人，可不填写"出/入境卡"。

（5）相当于护照功能的中国证件，如《港澳同胞回乡证》《台湾居民往来大陆通行证》《往来港澳通行证》《因公往来港澳特别行政区通行证》可不必填写"出/入境卡"。

3. 检疫规定

（1）为有效防范公共卫生事件传播，根据《中华人民共和国国境卫生检疫法》，旅客须按照中国海关要求，认真、如实填写"出/入境健康申明卡"（图 4-41），申报健康情况和旅行经历。

（2）每一位旅客都必须填写"出/入境健康申明卡"。

（3）在国外居住 3 个月以上的中国人，到达中国第一入境口岸时，需要抽血化验。

（4）动物可以跟随主人入境（必须经检疫证明），每人限一只，隔离 30 天。

（5）生肉不可带进中国，熟肉可以带。

飞机在出境前，必须持有检疫部门放行单，方可飞行。

中华人民共和国海关
进出境旅客行李物品申报单

请仔细阅读申报单背面的填单须知后填报

姓 ____ 名 ____ 男 □ 女 □

出生日期 □□□□ 年 □□ 月 □□ 日 国籍（地区）____

护照（进出境证件）号码 □□□□□□□□□□□□□□

进境旅客填写	出境旅客填写
来自何地 ____	前往何地 ____
进境航班号/车次/船名 ____	出境航班号/车次/船名 ____
进境日期：____ 年 __ 月 __ 日	出境日期：____ 年 __ 月 __ 日
携带有下列物品请在“□”划√	携带有下列物品请在“□”划√
□1. 动植物及其产品、微生物、生物制品、人体组织、血液及其制品	□1. 文物、濒危动植物及其制品、生物物种资源、金银等贵重金属
□2. 居民旅客在境外获取总值超过人民币5,000元的物品	□2. 居民旅客携带需复带进境的单价超过人民币5,000元的照相机、摄像机、手提电脑等旅行自用物品
□3. 非居民旅客拟留在境内总值超过人民币2,000元的物品	□3. 超过20,000元人民币现钞，或超过折合美元5,000元外币现钞
□4. 超过1,500毫升的酒精饮料（酒精含量12°以上），或超过400支香烟，或超过100支雪茄，或超过500克烟丝	□4. 货物、货样、广告品
□5. 超过20,000元人民币现钞，或超过折合美元5,000元外币现钞	□5. 其它需要向海关申报的物品
□6. 分离运输行李，货物、货样、广告品	
□7. 其它需要向海关申报的物品	

携带有上述物品的，请详细填写如下清单

品名/币种	型号	数量	金额	海关批注

我已经阅读本申报单背面所列事项，并保证所有申报属实。

旅客签名：____

图 4-39　海关申报单

项目 4　乘务工作四阶段之飞行实施阶段

图 4-40　出/入境卡

中华人民共和国
出/入境健康申明卡

欢迎扫码申报

请在相应"□"中划"√"　□出境　□入境

姓名：_____　性别：□男 □女　出生日期：____年____月____日
国籍（地区）：_____　常驻城市：_____　职业：_____
1. 证件类型：□护照 □前往港澳通行证 □往来台湾通行证 □往来港澳通行证
□港澳居民来往内地通行证 □台湾居民来往大陆通行证 □中华人民共和国出入境通行证
□其它证件：_____　证件号码：_____
航班（船班/车次）号：_____ 座位号：_____ 出/入境口岸：_____ 出/入境目的地：_____
2. □境内 /□境外有效手机号或其它联系方式：_____
　其它境内有效联系人及联系方式：_____
　自今日起后14日的住址（请详细填写 境内住址请具体到街道/社区及门牌号或宾馆地址）：
_____
_____
　如果属于因公来华（归国），请填写邀请方：_____ 接待方：_____
3. 过去14日内，您在中国旅行或居住的省（自治区、直辖市）和/或港澳台地区
（请具体到城市）：_____
过去14日内，您旅行或居住的国家和地区：_____
4. 过去14日内，曾接触新冠肺炎确诊病例/疑似病例/无症状感染者　　　□是 □否
　过去14日内，曾接触有发热和/或呼吸道症状的患者　　　　　　　　□是 □否
　过去14日内，所居住社区曾报告有新冠肺炎病例　　　　　　　　　　□是 □否
　过去14日内，所在办公室/家庭等是否出现2人及以上有发热和/或呼吸道症状　□是 □否
5. 过去14日内或出/入境时，是否有以下症状：
如勾选"是"，请选择 □发热 □寒战 □干咳 □咳痰 □鼻塞 □流涕 □咽痛
□头痛 □乏力 □头晕 □肌肉酸痛 □关节酸痛 □气促 □呼吸困难 □胸闷
□胸痛 □结膜充血 □恶心 □呕吐 □腹泻 □腹痛 □其它症状_____
过去14日内，是否曾服用退烧药、感冒药、止咳药　　　　　　　　　□是 □否
6. 过去14日内，如果您曾接受新型冠状病毒检测，则检测结果是否为阳性　□是 □否
　　尊敬的出入境人员，根据有关法律法规规定，为了您和他人健康，请如实逐项填报，如有隐瞒或虚假填报，将依照《中华人民共和国国境卫生检疫法》追究相关责任；如引起检疫传染病传播或者有传播严重危险的，将按照《中华人民共和国刑法》第三百三十二条，处三年以下有期徒刑或者拘役，并处或者单处罚金。
　　本人已阅知本申明卡所列事项，保证以上申明内容真实准确。如有虚假申明内容，愿承担相应法律责任。
旅客签名：_____　日　期：_____

图 4-41　第六版出/入境健康申明卡

135

任务 6 欢送旅客下机

知识目标
1. 了解乘务员送客要求；
2. 熟悉送别旅客服务用语；
3. 掌握清舱要点。

能力目标
1. 能够主动帮助旅客整理行李；
2. 能够协助无自理能力的特殊旅客下机；
3. 能够主动协助任何需要帮助的旅客下机；
4. 能够进行遗留物品的交接。

素养目标
培养热情、耐心、细心、沉稳的职业品质。

任务导入

不能带走的救生衣

2008年2月12日，萧山机场的安检人员在检查旅客随身行李时，从一名13岁小女孩林某的随身行李内，查获3件客机上使用的救生衣。机场安检人员介绍，林某是几天前在厦门飞往上海的途中，从客机上带走这3件救生衣的，其价值约6 000元人民币。林某交代，她是出于好奇、好玩才将救生衣带下飞机，并没有意识到这种行为的危害性。鉴于林某尚不满14周岁，无刑事责任能力，公安部门对林某进行了耐心的教育，并通知林某家长将其领回。

航空公司工作人员介绍，旅客带走机上物品的事件时有发生，私自拿用客机上的救生物品是违反《中华人民共和国民用航空法》的行为。《中华人民共和国民用航空法》规定，盗窃、故意损坏或者擅自移动客舱内的救生物品和设备，危及飞行安全，足以使民用航空器发生坠落、毁坏危险，尚未造成严重后果的，依照《中华人民共和国刑法》第一百一十六条规定，处 3 年以上 10 年以下有期徒刑；造成严重后果的，依照《中华人民共和国刑法》第一百一十九条规定，处 10 年以上有期徒刑、无期徒刑或死刑。

思考：在你乘机的经历中，你有遇到类似的不文明乘机案例吗？

知识讲解

飞机到达停机位后，发动机关机，"安全带指示灯"熄灭，乘务员正常打开舱门，便可以安排旅客离机事宜。

6.1 送客服务要点

6.1.1 准备送客

1. 整理自己的仪容仪表

舱门开启前，乘务员需要再次检查自己的仪容仪表，检查发型、妆容、制服等是否符合乘务员职业形象要求，不足之处应及时整理。

2. 站在指定位置欢送旅客

飞机到达停机位后，发动机关机，"安全带指示灯"熄灭，乘务员正常打开舱门前，各号位乘务员应站在各自负责的区域内，保持正确的站姿，面带微笑，欢送旅客（图 4-42）。

图 4-42 乘务员欢送旅客

6.1.2 旅客下机

（1）保持标准站姿，表情自然，面带微笑，与旅客进行目光接触，热情主动地问候经过的每位旅客。

（2）使用普通话或相应的外语（以英语为主）问候旅客，问候时，要注意语气的亲切自然，语调微微上扬。

（3）标准送客用语"感谢您乘坐本次航空，期待与您再次相遇！"

6.1.3 相关提醒

（1）提醒旅客不要遗漏随身物品。

（2）提醒旅客小心台阶或路滑。

（3）如到达站与起飞站两地温差较大，应提醒旅客适当增减衣物。

6.1.4 主动帮助

（1）主动协助特殊旅客整理行李，轻拿轻放，动作优雅。

（2）注意无自理能力的特殊旅客与地勤人员的交接工作。

（3）主动协助任何需要帮助的旅客下机。

6.2 遗留物品的清点与交接

1. 清舱

旅客下机完成后，乘务员应立即对两舱区域进行清舱检查。清舱要点：仔细检查旅客座椅口袋、座椅下方、行李架及洗手间是否有遗留物品或不明物体。

2. 清点与交接

如发现旅客遗留物品，应立即与地面服务人员办理交接，并填写"机上遗留物品清单"。

3. 回收

旅客下机完成后，应回收起飞前发放给旅客的婴儿救生衣、婴儿安全带、加长安全带，如有遗失，应及时报告。

任务实施

情境模拟：

模拟航班任务欢送旅客下机。

任务实施：

步骤一：小组讨论——各小组分配号位，讨论送客要点。

步骤二：角色扮演——由学生扮演乘务员和旅客，完成送客情境模拟。

任务评价

请根据表 4-18 对上述任务实施的结果进行评价。

表 4-18　任务实施评价表

评价内容	分值	评分	备注
小组讨论组织得当、气氛活跃	20		
熟练掌握送客用语	30		
积极协助需要帮助的旅客下机	40		
情境模拟中积极参与角色扮演	10		
合计	100		

项目总结

飞行实施阶段是乘务员和旅客进行服务交流的重要阶段，在此过程中乘务员的服务水平和服务技巧会成为旅客对航空公司的主要评价来源。本项目主要介绍了迎接旅客登机、起飞前的服务、特殊旅客服务、机上供餐供饮、CIQ 知识及免税商品销售、欢送旅客下机。

思考与练习

一、填空题

1. 年龄不足_____周岁，或没有陪伴的父母或其他亲属的协助，缺乏履行紧急出口座位旅客应当具备的能力的旅客，便不能在紧急出口位置就座。

2. 对进入客舱的旅客鞠躬，表达尊敬和诚意，上身鞠躬_____。为宜。

3. 盲人旅客的上下机顺序应为_____上机，_____下机。

4. UM 旅客是指年龄满_____（含）周岁但不满_____（含）周岁，没有年满 18（含）周岁且有民事行为能力的成年人陪伴乘机的儿童。

5. 老年旅客是指虽然身体健康，但年龄超过_____岁的旅客。

参考答案

二、判断题

1. 旅客登机时，确保客舱无外来人、无外来物，并及时报告机长及乘务长。（   ）

2. 登机时，遇有旅客座位重复，乘务员要及时报告，并给旅客致歉，立即调整旅客座位。（   ）

3. 如有特殊情况需要将旅客调至出口座位就座的，乘务员向该旅客进行出口座位的评估后即可。（   ）

4. 乘务员在安全演示结束后统一退回服务间，将安全演示包整理好后，拉好拉链，随意放置即可。（   ）

5. 进行安全演示之前，负责安全演示的乘务员取出安全演示包检查确认包内物品齐全、无破损、干净整齐、方便取用。（   ）

6. 进行安全演示期间，乘务员原则上不得进行安全检查工作，不得影响旅客观看安全演示。（   ）

7. 演示时，应动作规范、标准，指示清楚，视线需与动作保持一致；配合好广播，

注意停顿节奏，以便旅客看清楚。   （   ）

8. 进行客舱安全检查时，应遵循"从右至左，从下至上"的原则，依次进行检查，不得漏检。   （   ）

9. 确认每位旅客已就座并扣好安全带，无人就座的座位安全带不用扣。（   ）

10. 安全检查时，乘务员应保持大方、优雅的举止，禁止命令旅客。（   ）

11. 安全检查程序可与服务工作同时进行。   （   ）

12. 安全演示可以使旅客在紧急情况下，能使用安全设备，提高自救能力，把紧急情况发生时的伤害降到最低。   （   ）

13. 安全检查程序必须独立完成，不得与其他工作混合。   （   ）

14. 海关申报单每个18岁以上的成年人都需要填写。   （   ）

15. 国籍为美国的婴儿旅客入境中国时，由于年龄没有达到要求，可以不用进行入境申报。   （   ）

16. 导盲犬作为服务犬，可以不进行检验检疫即可随主人入境。   （   ）

三、简答题

1. 简要说明迎客工作的重要性。
2. 简述紧急出口座位评估流程。
3. 安全演示用具包应包括哪些物品？
4. 带婴儿旅客的心理特点有哪些？
5. 轮椅旅客有哪三种类型？分别用什么代码表示？
6. 盲人旅客和聋哑旅客最大的心理特点区别是什么？

项目 5

乘务工作四阶段之航后讲评阶段

项目导入

课件：航后讲评阶段

　　飞机安全着陆，旅客全部下飞机后，即飞行服务结束，但是客舱乘务员的工作还未完成，机组及乘务组还需要对本次飞行任务进行总结。航后讲评作为飞行四个阶段之一，必须进行，可在最后一段航班结束前进行，也可在返程的机组车或下降前的客舱进行。客舱乘务长对航后讲评会的召开和讲评质量负责。航后讲评工作能让机组和乘务组在每次飞行结束后及时发现问题、总结经验，不断提升服务质量。

任务 1　了解航后讲评

知识目标：掌握航后讲评的基本知识。

能力目标：能够参与航后讲评并汇报工作。

素养目标：培养耐心、细心的职业品质。

任务导入

一封投诉信

某年 4 月 22 日 13 点，乘务长张晓宁来到公司准备执飞当天的航班，但是刚签完到，办公室主任就拉着她说："20 号那天你是不是带组飞了杭州到北京的 8887 航班？刚才我这里收到一封投诉信，是经济舱 51C 的旅客赵女士写的，你知道怎么回事吗？"

张晓宁回忆，当天航班虽然是满舱很忙碌，但是飞行过程一切顺利，飞行中及航后讲评时，乘务员都表示客舱没有异常情况，这怎么就有投诉了呢？她对于经济舱 51C 的赵女士也没有任何印象，又是什么原因导致这位旅客写了投诉信呢？

张晓宁从投诉信中了解到这位赵女士是商务出行，她在用餐的过程中发现牛肉米饭中有一根头发，当时服务赵女士的是新乘李黎。李黎回忆说当时她的服务区域有一个夕阳旅行团，她有点应对不及，慌乱中告诉旅客马上给她换一份牛肉米饭，旅客也答应了。李黎说，当时赵女士看起来没有生气，所以她并没有在意。相反，旅行团的叔叔阿姨们下机时对她表示的感谢还让其内心喜悦，所以航后讲评时她觉得应该不会有什么问题，也就没有主动告知乘务长，没想到居然得到一封投诉信，李黎表示非常郁闷。

思考：假如你是本机的乘务组，请根据此航班任务进行航后讲评。

> 知识讲解

1.1 讲评会内容

航后讲评环节虽然是工作的最后阶段，但却是客舱安全管理和服务提升不可缺少的环节之一。

1. 信息共享

讲评阶段各号位乘务员应主动将航班中遇到的各种情况和处理方式进行分享，通过有效的沟通来建立良好的工作氛围。

2. 改进建议

客舱经理或乘务长应认真总结航班安全服务工作的完成情况，表扬、激励优秀的乘务员，利用航班中的典型情况作为案例，针对存在的问题提出改进要求，通过互动反馈，不断提升乘务员的业务能力。

1.2 讲评的重要性

1. 总结反馈

航后讲评具有及时性，客舱经理或乘务长可以根据当日航班的情况进行讲评与分析，及时总结经验，查找不足。

2. 改进提升

航后讲评可以针对安全和服务中存在的问题进行分析与探讨，制定整改措施，这是不断提高乘务员客舱安全和服务水平的有效途径。

> 任务实施

情境模拟：

航班延误机组热情服务，旅客寄来"投诉信"

某年 3 月 29 日下午，与往常一样，中国东方航空股份有限公司（China Eastern Airlines Corporation Limited，简称"东航"）河北分公司天津基地商务人员彭宏、邓丽等同志一丝不苟地在候机楼忙碌着。

突然商务值班手机响起了铃声，话筒里传来了基地运行部业务办公室主任的声音："彭宏，18 号是你们组值班吧？我这里接到了一封投诉信，是投诉 18 号的

MU2610 航班的……"

话音还未落，彭宏脑子里嗡的一声，他在脑海里快速搜寻了一下，感觉没有什么地方的服务出现纰漏，怎么会出现投诉呢？18 号的这个航班慢慢在彭宏的脑海里展开了……

事出有因，热情服务

3 月 18 日 14 点 25 分，东航河北分公司天津基地接到武汉公司签派员电话，通知 MU2609 航班在武汉发生机故，起飞时间预计推迟到 17：00。

天津基地迅速启动应急预案，签派员随时联系武汉了解航班最新动态，二号值班经理马上协调机场各有关单位，做好旅客安置工作，商务人员迅速在值机柜台张贴延误报，调度联系现场指挥中心发布延误通告。

当旅客听到飞机机械故障时情绪开始激动，商务人员耐心地做着解释，一遍一遍地向旅客致歉，可是他们的声音被一波又一波的质问声吞没了，尽管这样，他们还是保持热情，秉着"以客为尊，倾心服务"的理念，真诚服务旅客。

在商务人员的耐心解释和细心服务下，有 19 名旅客签转至 FM8318 航班，107 名旅客送往宾馆休息，3 名旅客自愿回家等待。

17：02，武汉传来好消息，飞机 18：00 于武汉起飞。商务人员第一时间将此信息告知了旅客，20：40 飞机顺利从天津起飞。

投诉变表扬，喜笑颜开

彭宏迅速回忆了一下 18 号的航班保障情况，实在想不起会有什么原因引起投诉了。他有些摸不着头脑，这时电话的另一方继续说道："你别着急，一名旅客是以投诉的形式表扬了你们。"

运行部业务办公室主任解释道："原来在 18 号当时场面混乱的情况下，有一名旅客在远远观察着你们，他感到整个过程中你们不急不躁，始终微笑服务，还能积极为旅客着想，实在难能可贵。从目的地回来之后，你们的身影始终挥之不去，所以他就打了这个投诉电话。"

原来是这样，虚惊一场的彭宏露出了会心的微笑……

服务是航空公司永远的主题，优质服务更是贯穿点滴工作当中，都是为了一个共同的目标——打造我们强有力的航空品牌。东航河北分公司天津基地用实际行动践行着这一标准。

实施步骤：

任务实施——按照小组进行角色扮演，其余同学作为航班上的旅客，进行情境展示。

任务评价

请根据表 5-1 对上述任务实施的结果进行评价。

表 5-1　任务实施评价表

评价内容	分值	评分	备注
航后讲评的内容及如何进行讲评	50		
航后讲评的重要性	50		
合计	100		

任务 2　航后讲评

知识目标：掌握机组讲评、乘务组讲评的内容。

能力目标：能够进行航后讲评。

素养目标：
1. 培养分析问题和解决问题的能力；
2. 培养创新意识、责任意识和服务意识。

任务导入

航后讲评会

"今天我们的航班结束了，感谢组员之间的配合，你们辛苦了！"

"在本次航班任务中，我们遇到了轻度颠簸，在颠簸处置中，轻度颠簸可照常进行客舱服务工作，组员配合默契，冷静应对突发状况，望继续发扬！

3号对本次航班的两名 VIP 旅客进行了全程的细微服务，得到了旅客的高度赞扬并收到表扬信一封。在我巡视客舱服务工作中，发现后舱厨房台面不整洁，望组员引起重视。机上设备、机供品、餐食配备一切正常。会议结束后我将把资料箱归还到值班室。散会！"

思考：乘务长如何对本区域的服务做出工作小结（表扬/批评）？

> 知识讲解

2.1 机组讲评

每一个组员都要对整个飞行过程中发生的事件及相关细节进行记录，以便航后共同探讨。在航班飞行结束之后，作为整个机组的核心领导者，机长应组织全体组员召开航后讲评会议，征求改进意见，认真总结经验和教训，对实际运行反映出来的问题进行及时反馈。

2.2 乘务组讲评

在航班飞行结束之后，乘务长应组织全体乘务员召开航后讲评会议，时间一般不少于 10 min。

1. 安全讲评。

（1）乘务长重申安全薄弱环节及总结客舱安全情况。

1）安全检查是否到位。

2）舱门/滑梯是否按照标准操作和检查。

3）紧急出口的介绍、监控、汇报是否符合规定。

4）颠簸及特殊情况的处理。

（2）区域乘务长讲评后舱乘务员安全意识及后舱安全情况。

（3）安全员进行安全工作讲评。

1）乘务员是否都按协调暗号和机组联系。

2）客舱安全工作注意事项提醒。

3）机上特殊事件处置总结。

（4）乘务长讲评安全员行为规范是否符合规定，是否履行了职责。

2. 服务讲评。

（1）乘务员自我点评。

（2）区域乘务长对后舱服务工作进行点评。

（3）乘务长对航班服务质量进行点评。

1）评价乘务员执勤表现。

2）指出服务工作的优点及缺点。

3）客舱乘务长分别对工作表现出色或不足人员进行表扬或批评，告知客舱乘务员执勤表现各栏目的得分情况。

4）提出安全和服务方面的改进建议。

客舱乘务长应主持由全组客舱乘务员参加的工作讲评，表扬优秀事迹和案例，总结经验和教训，对于重要问题和意见，应及时向部门值班员和乘务督导反馈。

任务实施

情境模拟：

一架广州白云机场至上海浦东机场的航班（19：10—21：10）在延误 1 h 后终于起飞，飞机平飞后，客舱乘务员开始向旅客提供食品和饮料时，发现41C吴先生睡着了。乘务员小李迅速将自己发明的"旅客睡眠提示卡"贴在前排旅客座椅背后，这样旅客吴先生醒来后乘务员能及时为他提供餐饮服务，避免了以往遗漏等问题，同时也杜绝了旅客的投诉及对航班服务质量的差评。

实施步骤：

任务实施——每4～5人为一个乘务组，指定1名学生作为乘务长，1名学生为检查员，其余学生为乘务员，乘务长综合讲评后检查员点评，每位乘务员自我讲评。

任务评价

请根据表5-2对上述任务实施的结果进行评价。

表5-2　任务实施评价表

评价内容	分值	评分	备注
机组讲评	50		
乘务组讲评	50		
合计	100		

项目总结

在航后讲评阶段，机组人员会回顾飞行任务中遇到的各种情况，包括飞机的操作、气象条件、交通管制等方面的问题，分析任何出现的异常情况及应对的策略。同时，该阶段还会对机组人员的表现进行评价和反馈，及对下一次飞行任务的准备工作进行安排和部署。本项目主要介绍了航后讲评。

思考与练习

一、填空题

1. 在航班飞行结束之后，乘务长应组织全体乘务员召开航后讲评会议，时间一般不少于_____。

2. 讲评阶段各号位乘务员应主动将_____进行分享，通过有效的沟通来建立良好的工作氛围。

3. _____应主持由全组客舱乘务员参加的工作讲评，表扬优秀事迹和案例，总结经验和教训。

二、简答题

1. 简述航后讲评会的内容。
2. 简述航后讲评的重要性。

参考答案

项目 6
客舱服务管理

课件：客舱服务管理

　　在完成客舱服务的同时，航班飞行中还需要加强客舱服务管理。这主要是从客舱资源管理与顾客服务管理两方面着手，指导飞行乘务员（安全员）做好本职工作，确保空防、客舱安全和优质服务。本项目从整个客舱及客舱服务管理的角度出发，全面介绍了客舱服务工作及客舱服务管理的方方面面，从而使各号位乘务员之间的配合更协调。

任务 1　了解客舱资源的管理

知识目标
1. 了解客舱资源的管理规定；
2. 熟悉客舱资源的使用方法；
3. 掌握客舱资源故障的处理原则。

能力目标
1. 能够正确控制机上灯光；
2. 能够准确调节客舱温度；
3. 能够对旅客的行李做准确的保管；
4. 能够对客舱设备故障进行准确的申报。

素养目标
培养细心、耐心的职业品质，为旅客提供专业、贴心的服务。

任务导入

这是经常发生在飞机上的一幕：旅客正在看书，一位乘务员从他身边走过，主动为他打开阅读灯，然后走开。而旅客觉得当时的自然光已经足够，开了灯反而不舒服，于是就关闭了阅读灯。没想到第二位乘务员经过时，又为他打开了阅读灯，旅客又关闭了它。后来经过他身边的乘务员总是热心地帮他打开阅读灯，最终旅客被这"热情"的服务惹恼了。

思考：服务就是把规定的动作一丝不苟地做完吗？

知识讲解

1.1　客舱灯光的控制与注意事项

客舱资源管理就是有效地利用机上各种资源，如灯光的控制、温度的调控、广播的管理等，从而达到保证安全飞行、提升服务质量的目的。

1. 客舱灯光的控制

（1）在旅客登机迎客、旅客下机送客、安全演示、安全检查、致礼时将客舱灯光调节至"高亮"挡（BRIGHT）。

（2）在播放安全须知，为旅客提供服务时将客舱灯光调节至"中亮"挡（MEDIUM）。

（3）在起飞下降时将客舱灯光调至"暗亮"挡（DIM）。

（4）在夜航值班期间将客舱灯光调至"夜间"挡（NIGHT），打开过道灯。

（5）在供餐前不要用强光唤醒旅客。

（6）撤离路径灯、客舱顶灯、出口指示灯等测试正常，便于在紧急情况下提供目视帮助。

2. 客舱灯光调节的注意事项

（1）两舱和普通舱的灯光调节可以根据服务进度的不同分别进行调节；

（2）即使是在夜航时，值班灯也不得关闭；

（3）长航线飞行时，灯光调节应由暗逐渐变亮，给旅客眼睛一个缓冲的过程；

（4）若看到旅客在看书时，乘务员应主动询问是否需要协助打开阅读灯。

1.2　客舱温度的调控

1. 客舱温度的要求

白天飞行，客舱温度调至 22 ℃左右；夜间飞行及旅客休息时客舱温度调至 24 ℃左右。

2. 客舱温度的监控

在飞行途中，乘务员在客舱里应时刻监控客舱温度。如果旅客普遍反映温度偏高或偏低，应及时报告乘务长调整客舱温度。当班乘务长负责监督客舱温度的情况。

1.3　机内广播的管理

只有经过专业的培训取得广播员资质的乘务员方可进行客舱广播。在同一航班上，应由取得广播员资质等级最高的乘务员进行客舱广播。

国内航线广播的语种顺序为中文、英文，如执行的是国际航线，应按照中文、英文、相应语种进行广播。若有分舱设置的机型，可酌情进行分舱广播。

长航线的夜航飞行，中途若提供快餐可不进行餐前广播。头等舱和公务舱在第二餐时根据情况进行广播。

当班乘务长负责监督广播的实施。

1.4 客舱物品的保管原则

乘务员在协助旅客安放行李物品时需要多加小心，安置妥当后应该及时确认并关闭行李架。

头等舱、公务舱或高端旅客提出需要悬挂衣服时，需要询问口袋内是否有贵重物品，如钱包、手机、首饰等。同时确认衣服是否干净整洁。

原则上不为旅客保管贵重及易碎的物品，如果旅客还是坚持，则需要向旅客说明可能出现的情况。

如果答应为旅客保管物品，就要做到负责到底，同时及时进行信息分享。

航班上如果遇到挂拐杖登机的旅客，应第一时间协助旅客入座，并帮助旅客保管拐杖。航班落地后应及时把拐杖交还旅客。

任务实施

情境模拟：

杭州到北京的一航班上，平飞阶段一老年旅客向你反映客舱温度偏低，想让你帮忙把温度调高，但是又与其他旅客的意见矛盾，这时你会如何处理？

任务实施：

步骤一：小组讨论——各小组分配号位，讨论旅客要点。

步骤二：角色扮演——由学生扮演乘务员和旅客，完成旅客情境模拟。

任务评价

根据表 6-1 对上述任务实施的结果进行评价。

表 6-1　任务实施评价表

评价内容	分值	评分	备注
时刻关注客舱温度	30		
及时调整客舱温度	30		
及时跟乘务长沟通	40		
合计	100		

任务 2　了解客舱人员的管理

知识目标
1. 了解客舱管理的意义；
2. 了解旅客服务管理的内容。

能力目标
能够按照客舱资源管理的要求，更好地为旅客提供服务。

素养目标
培养良好的沟能能力和服务技能，为旅客提供周到的服务。

任务导入

确保航空安全是第一职责

2008年3月7日，南航新疆分公司执行CZ6901航班。在飞行途中，乘务员闻到了淡淡的汽油味，按照气味的方向寻找，乘务员确定汽油味来自洗手间。乘务员通过观察，发现有名旅客进入洗手间后长时间未返回座位。警惕的南航乘务员及时通知安全员，安全员立即对洗手间进行检查，发现一名女子正拿着一个装着可疑液体的罐子，然后又在她的包里搜出第二个装有液体的罐子。乘务组立即向机长报告，由安全员对可疑旅客进行控制，飞机果断备降在兰州机场。事后发现，罐子里装有易燃液体，不法分子企图制造一起航空炸机事件。

思考： 乘务员如何具有高度的安全警觉性，如何使整个乘务组实施有效的客舱管理？

知识讲解

2.1 旅客服务管理

1. 客舱管理的意义

（1）确保客舱安全。保障旅客安全是乘务员的法律责任和最高职责。安全是航空公司最重要的社会责任，是民航事业永恒的主题，确保客舱安全是乘务员提供给旅客最优质的服务。良好的客舱管理能够建立规范的安全保障系统，指导乘务员遵守规章，按照标准程序执行，才能负担旅客的旅行岗位职责，确保客舱安全，保护国家和人民生命财产安全，维护社会稳定。

（2）实现优质服务。服务是客舱乘务工作的目标与核心，是航空服务生存和发展的命脉，提供优质服务是客舱乘务员最重要的工作。旅客们在乘机过程中获得满意度、舒适度和惬意度的全方位服务体验，需要客舱乘务员付出真情细致和周到亲切的服务。

（3）提高运行效率。实施客舱管理就是提高运行效率，航空公司的运行效率体现在时刻准点、运行正常、成本精细和盈利效益。客舱管理一方面要提高人的工作效率；另一方面是实现物的利用效率，从而节约成本，增加利润，实现正面效率。航班正常运行确保了旅客利益，维护了旅客的权益，为公司创造声誉和效益。

2. 客舱旅客的管理规则

如有旅客违反了旅客管理规则，应按航空公司的法律法规委婉地进行劝告，并要求其执行，如旅客遵守照办了就没有进一步行动的必要；如果旅客拒绝或不能遵守法规，可能会被解释成干扰机组的工作，应立即通知机长寻求合适的解决办法。

（1）严重行为不当旅客的处理。严禁任何旅客袭击、威胁恐吓或干扰机组成员执行工作，如违规可以被认为严重的行为不当。

乘务员一经发现严重的旅客行为不当，应立即报告给乘务长/主任乘务长，乘务长/主任乘务长通告并与机长协商决定处置方案。

（2）非正常旅客的处理。

1）起飞前的处理。登机时，如果有旅客显示醉态，或在麻醉品作用影响下干扰了机组成员工作，并/或危及旅客与机组的安全，乘务员要通知地面值班人员和/或机长；地面值班人员将其留下，婉拒登机并做好善后处理。

2）离开登机门后的处理。飞机离开登机门后，如果有旅客显示醉态或处在麻醉品作用之下，乘务员应通知机长，并由机长来决定是否滑回劝其离机。

如果飞机返回登机口,通知地面值班人员处理该旅客的离机及善后事宜。

3)飞行中的处理。如有旅客在起飞后显示醉态或处在麻醉品的作用下,乘务员要通知机长。乘务长/主任乘务长要在机长的指示下采取必要的措施。

飞机到达目的地后,警察或其他官员可上飞机来处理该旅客,并询问目击者。如果旅客的不当行为涉及并危及机组成员工作,管理部应报告中国民航总局。

4)事件的报告。乘务长填写事件报告单,并报告机长签名,将报告送呈给公司。

(3)可拒绝接受的旅客。

1)责令旅客下机的处理。下列旅客可被责令下机:

① 非法无票登机者;

② 无登机牌的旅客;

③ 发生超载时,已登机的候补旅客按登机优先次序从后向前;

④ 任何不可接收的旅客,登错飞机的旅客。

如果所有责令下机旅客的方法均告失败,地面值机人员或机长可以要求当地强制执行官员责令旅客下机;如果旅客仍拒绝下机,他/她将被指控为非法行为,并且由强制执行官员带走该旅客。

2)航班可不接受的旅客。

① 是或像是中毒者。

② 是或像是吸毒者。

③ 要求静脉注射者。

④ 已知是传染性疾病患者,并在航班中有可能传染他人的,或该人无法提供有效证明无传染危险者。

⑤ 拒绝人身或物品安全检查者。

3)需持有医疗证明旅客的管理。

① 需用早产婴儿保育箱者。

② 要求在空中额外吸氧者。

③ 可能在空中有生命危险,或要求医疗性护理者。

④ 已知有传染性疾病,但采取措施可以预防者。

这种医疗证明必须说明旅客应遵守的措施,并在乘机之日前的10天之内签署;在旅客登机前,这种医疗证明必须交乘务长一份。

(4)投诉旅客的处理。

1)对待生气的旅客,乘务员要耐心地听取其倾诉,切不可与其争执。

2)如可能,应想方设法改变当时的状况。

3）向生气旅客道歉，并保证他的意见能转达给相关的人员；如该旅客不满意，到达目的地时，通知给地面工作人员。

4）如可能，记录下所有相关信息，包括旅客姓名、地址，以便事后与旅客联系。

5）在机长和乘务长之间相互沟通，以解决发生的问题。

3. 航行中的客舱管理

（1）旅客要求冷藏药品的处理。旅客在航班中要求冷藏药品时，可将药品放入盛有冰块的塑料袋内，但决不能将药品冷藏于厨房冷藏箱或冰柜中。

（2）旅客要求更换座位的处理。座位经乘务员允许，旅客在飞行中可更换座位，但不能允许不符合条件的旅客坐在出口处。

拓展阅读

科学处置特情的典范，记 2018 年国航 1350 航班郑州备降事件

2018 年 4 月 15 日 8 时 40 分，CA1350 航班晚点 5 分钟从长沙黄花国际机场起飞。当时其执行的是飞往北京首都国际机场的航班任务。当时机组成员有 10 名，载客将近 200 人。根据计划，飞机将于 11 点整抵达目的地。

起飞之后一切顺利，飞机按照计划爬升至 8 100 m 的巡航高度，随后飞入河南空域。9 时 36 分，一名坐在经济舱前排的旅客突然听到，从头等舱的方向传来了一个男人激动地说话声。不过当时空姐正推着餐车在经济舱内派发食物，所以这一情况并没有被其他人发现。就在此时，在经济舱内的空姐迅速拉上了经济舱和头等舱之间的门帘，并站在了门帘旁边。随后空姐向前排旅客小声解释道："我们正在头等舱里进行安全演习，您不用惊慌。"这名旅客也就信以为真，没有在经济舱内引发骚乱。

2 分钟之后，客舱内响起广播，告知旅客飞机因为安全问题即将在郑州新郑国际机场备降。所有旅客都一头雾水，但还是安静地等待着飞机降落，并没有出现不满情绪。

根据舱内旅客回忆，"当时在听到广播之后，整个机舱内非常平静，大家都是该干什么干什么，也没听见什么异常的声音。就是经济舱的所有空姐都站在了和头等舱连接的门旁边。"

当时 CA1350 航班内的所有机组人员在得知了劫机事件之后，便开始立刻做出反应，并各司其职。头等舱内的乘务长和安全员负责稳住劫机犯，驾驶员联络地面部门，空姐们则负责稳住经济舱内的旅客，并确保不会有任何人在此时通过两舱的连接门。

就这样，在经过了 23 分钟之后，绝大多数旅客甚至还不清楚飞机内发生了什么事情，CA1350 航班就已经降落在了新郑机场的 1 号跑道上。在飞机停稳之后，经济舱的空姐悄悄打开了安全通道。几名全副武装的武警和几名便衣警察登上了飞机，空姐们也开始迅速疏散旅客。到了此时，旅客才反应过来，飞机上没有出现机械故障，而是出现了劫机事件。

此时便衣警察已经进入头等舱和劫机男子进行周旋，为旅客撤离拖延时间。10 时 50 分时，在确认旅客都撤离飞机之后，便衣警察开始尝试与劫机男子沟通。

但是他的情绪非常激动，不停挥舞着手中的钢笔说："你们和我保持 5 m 远，后面的人都离开这。"随后双方便僵持起来，被劫持的乘务长经验非常丰富，她从始至终都保持着非常淡定的神情，并且完全配合劫机男子的要求，丝毫不做任何刺激他的举动。双方一直僵持到 13 时，三名便衣警察和一名武警看准劫机男子因疲劳而分神的空当，四人合力从两个方向同时发动突袭，一举将其制服。这场历时 3 个多小时的劫机事件终于有惊无险地结束了。

后来经过公安机关的调查，这名劫机男子姓徐，41 岁，湖南安化人，在此前有长期的精神病史。在审讯中他供述，在 CA1350 航班飞行期间，他突发精神疾病，便掏出随身携带的钢笔挟持了乘务人员。

这起事件也被认定为非法干扰飞行安全事件，是指危害民用航空安全或未遂行为。但由于涉案人员被证明有精神病史，并在作案时处于精神病复发状态，无法控制自己的行为，所以不负刑事责任。政府对其的判罚是强制进行精神治疗。

这起劫机事件中，CA1350 航班的机组人员表现非常优秀。空乘人员临危不乱，有效安抚了旅客的情绪；驾驶人员处理决策果断正确，在短时间内将飞机开至安全位置。

这起事件被列为民航史上最科学处置特殊情况的典范之一，甚至被作为典范案例给新员工们进行教学，CA1350 航班的机组人员也在之后得到了不同程度的嘉奖表扬。

2.2 乘务员的管理

1. 乘务员自身健康管理

（1）乘务员每 12 个月必须在局方认可的体检机构完成体检，保证体检合格证的有效性。

（2）乘务员在计划飞行的 12 h 内不得饮用含有酒精的饮料。

（3）乘务员在执行航班任务过程中，不得饮用含有酒精的饮料。

（4）乘务员不得使用或携带大麻、可卡因等禁用药物。

（5）乘务员禁止使用任何影响执行飞行任务能力的药物，在使用药物之前应向航医询问清楚是否会影响飞行能力。

2. 乘务长对乘务员工作的管理

乘务长是乘务组的负责人，是客舱工作的总指挥，承担着管理客舱的主要职责。乘务长对客舱管理工作的关键在于对乘务组成员的管理，其基本原则如下：

（1）坚持安全为主、兼顾服务的管理原则，在不违反安全规定的前提下，为旅客提供更好的服务。

（2）加强乘务组成员之间的沟通，提供工作效能。乘务长不仅是客舱工作的指挥者，还是乘务组成员之间的协调者，协调成员关系，提高乘务组团队协作能力也是乘务长工作的重点。

（3）坚持以身作则，公平、公正的原则。乘务长在工作中必须以身作则，树立良好的榜样；处理乘务员过失问题时，要及时了解事情经过，在不影响客舱工作的前提下做出公平、公正的处理。

2.3　飞行机组的服务

1. 总体要求

主动有礼、大方得体，确保与飞行机组的信息沟通及时准确，避免擅作主张和主观判断。

2. 机组协同

乘务组要主动与机组沟通，根据机组协同标准，进行详细的准备和协同，了解航路天气及有关信息。

3. 餐饮服务

（1）直接准备阶段工作完毕后，应提供机组饮料和毛巾，注意茶水勿倒过满，拧紧瓶盖或盖上纸杯起到防溅作用。

（2）为机组供餐的时间应事先询问机组每位成员，按需按规定提供，机长和副驾驶应安排不同种类餐食。

（3）为机组提供饮料、餐食时要使用托盘，注意平稳安放防止打翻。

4. 注意事项

（1）进入驾驶舱，应按照事先的联络暗号执行，防止有人尾随进入。

(2) 所有送入驾驶舱的餐具应在用完后及时收回，颠簸时禁止服务。

(3) 与机组交流时，应确认机组工作情况，避免打扰机组正常飞行操作。

(4) 飞行实施阶段，全程做好驾驶舱安全监控，禁止非飞机组人员进入。

(5) 离开驾驶舱，应从观察孔观察外部情况，确认安全方可开门离开。

(6) 如在驾驶舱不慎打翻饮料，乘务员需在机组人员指导下予以清洁，切勿自行盲目擦拭，以免造成对仪表、仪器的间接损坏。

拓展阅读

践行"三个务必" 走好新的赶考之路

习近平总书记在党的二十大报告中强调，全党同志务必不忘初心、牢记使命，务必谦虚谨慎、艰苦奋斗，务必敢于斗争、善于斗争，坚定历史自信，增强历史主动，谱写新时代中国特色社会主义更加绚丽的华章。在全面建设社会主义现代化国家的前进道路上，广大青年干部当牢记习近平总书记嘱托，踔厉奋发、勇毅前行，以青春的担当、奋斗和奉献走好新的赶考之路。

笃定赶考之志，牢记初心使命。回望百年征程，从抗日的烽烟到改革的攻坚再到复兴的伟业，从小小红船到领航中国行稳致远的巍巍巨轮，靠的是伟大建党精神这一跨越时空的精神传承和理想信念的支撑指引。战火纷飞年代，鲁西第一个党支部——中共九都杨支部的创建者杨耕心同志在陈旧的一桌一椅上开启革命道路的探索与实践，点燃革命星火。如今，鲁西第一个党支部纪念馆、阳谷县郭屯镇梨园村红色革命纪念碑不断续写红色篇章，传承红色精神，赓续倾力为民的情怀担当。广大青年干部要践行初心、担当使命，立大志、立长志，矢志不渝、持之以恒。毫不动摇地坚持党的全面领导，不断提高政治判断力、政治领悟力、政治执行力，为走好新的赶考之路夯实信仰之基、把稳思想之舵。

秉持赶考之心，站稳人民立场。党的根基和血脉在人民，坚持人民至上是我们党始终如一的坚守、永恒不变的追求。脱贫攻坚、全面建成小康社会的胜利，有着无数杰出青年干部舍小家、为大家，与广大人民群众想在一起、干在一起，脚踏实地、任劳任怨、团结奋斗，交出漂亮的答卷。如今踏上新的赶考之路，广大青年干部需深刻领会"江山就是人民，人民就是江山"的重要论断，心怀"国之大者"，紧紧依靠人民、不断造福人民，谦虚谨慎、艰苦奋斗。要以不怕苦、能吃苦的牛劲牛力扎实干事，当好体察民情、引领发展的"大脚掌"。要深入一线，踏踏实实做好服务，当好解决群众急难愁盼的"金钥匙"。要站稳人民立场，敢于豁得出去、真刀真枪干，狠抓落实能力，当好改革创新的"领头雁"。

砥砺赶考之德，修炼清廉忠诚。心有所畏，方能言有所戒、行有所止。梨园村是远近闻名的红色村落，革命战争年代，梨园村村民拿起砍刀、长枪与敌人奋勇作战，用自己的鲜血书写着对党和人民的忠诚不渝。"赤诚、担当、大爱、无我"的孔繁森精神是永不熄灭的精神灯塔，是赓续共产党人精神血脉、传承红色基因、涵养崇高品德的生动教材。广大青年干部要不断从伟大建党精神中汲取力量，锤炼严于律己的品德，做一个忠诚正直的党员。要让廉洁自律成为觉悟、让修身慎行成为习惯、让无私奉献成为品质，深刻领悟"打江山、守江山，守的是人民的心"，系好廉洁"安全带"，为走好新的赶考之路浸润清廉忠诚之源。

新时代考卷已经铺展，赶考永远在路上。在完成民族复兴大业，行稳致远全面推进中国现代化历史进程中，唯有充满"赢考"思维，践行"三个务必"，永葆革命斗志、锻造过硬本领，矢志不渝、笃行不怠，方能走好新的赶考之路，交出让人民满意的考卷。

任务实施

情境模拟：

今天航班已经延误1小时了，一位旅客在候机时把从免税商店购买的威士忌打开后自顾喝了。登机后，他又向乘务员要了酒精饮料，第二次再向乘务员要酒时，被乘务员拒绝，旅客勃然大怒，请乘务员处理该情况。

要求：根据上述材料模拟该特殊情况下的旅客服务情境，可自由发挥，增设情境。

任务实施：

步骤一：情境发布——请同学们分组，5～6人一组。

步骤二：小组讨论——各小组分配号位，讨论处理问题要点。

步骤三：角色扮演——由学生扮演乘务员和旅客，完成情境模拟。其他组同学认真观看，并做好记录。

步骤四：模拟结束后，同学们进行讨论，指出不足之处，并评选出表现最优秀的一组。

任务评价

根据表6-2对上述任务实施的结果进行评价。

表6-2　任务实施评价表

评价内容	分值	评分	备注
小组讨论组织得当、气氛活跃	20		
合理解决问题	40		
其他乘务员能在实践中发挥作用	30		
情境模拟中积极参与角色扮演	10		
合计	100		

任务3　了解颠簸处置

知识目标
1. 了解颠簸的分类及处置；
2. 掌握颠簸处置程序及操作细则。

能力目标
在飞行中遇到颠簸时能够进行妥当处置。

素养目标
培养紧急情况下的反应能力，保障旅客安全。

任务导入

2023年1月25日13时左右，一架从陕西西安飞往浙江温州的国航CA8524航班上，飞机在高空中剧烈颠簸。客舱内旅客发出尖叫，机组人员不断安抚。事后国航对此高度重视，迅速开展调查。经调查，该航班在飞行过程中受气流影响出现短时颠簸，机组和乘务组迅速按程序妥善处置，得到旅客积极配合，航班正常降落在温州龙湾机场，无人员受伤。

思考：飞行过程中遇到颠簸应如何克服心理恐惧？

3.1 颠簸的分类及处置

飞机在飞行中受高空气流影响突然出现的忽上忽下、左右摇晃及机身震颤等现象，称为颠簸。颠簸按程度一般分为轻度颠簸、中度颠簸和严重颠簸三个等级。客舱与机组之间沟通时，要注意使用这三个颠簸等级技术语，判断颠簸的剧烈程度，并针对不同程度采取应对措施，见表6-3。

表6-3 颠簸的分类处置

等级	轻度颠簸	中度颠簸	严重颠簸
定义	轻微、快速而且有节奏地上下起伏，但是没有明显感觉到高度和姿态的变化或飞机轻微、不规则的高度和姿态变化。机上乘员会感觉安全带略微有拉紧的感觉	快速地上下起伏或摇动，但没有明显感觉飞机高度和姿态的改变或飞机有高度和姿态的改变，始终在可控范用内。通常这种情况会引起空速波动。机上乘员明显感到安全带被拉紧	飞机高度或姿态有很大并且急剧的改变。通常空速会有很大波动，飞机可产生很大波动，飞机可能会短时间失控。机上乘员的安全带被急剧拉紧
客舱内反映	饮料在杯中晃动但未晃出，旅客有安全带稍微被拉紧的感觉，餐车移动时略有困难	饮料会从杯中晃出，旅客明显感到安全带被拉紧，行走困难，没有支撑物较难站起，餐车移动困难	物品摔落或被抛起，未固定物品摇摆剧烈，旅客有安全带被猛烈拉紧的感觉，不能在客舱中服务、行走
系好安全带	一声"系好安全带灯"铃响，"系好安全带"指示灯亮	两声"系好安全带灯"铃响，"系好安全带"指示灯亮	三声"系好安全带灯"铃响，"系好安全带"指示灯亮
餐车和服务设施	送热饮时需小心，或视情况暂停服务，固定餐车和服务设施	暂停服务，固定餐车和服务设施	立即停止一切服务，立即在原地踩好餐车刹车，将热饮料放入餐车内或放在地板上
安全带的要求	提醒并检查旅客已入座和系好安全带，手提行李已妥善固定，抱出机上摇篮（如适用）中的婴儿并固定	视情况检查旅客已入座和系好安全带，手提行李已妥善固定，坐好，系好安全带、肩带。抱出机上摇篮（如适用）中的婴儿并固定	马上在就近座位坐好，抓住客舱中的餐车，对旅客的呼叫可稍后处理
广播系统	客舱乘务员广播，视情况增加广播内容		
安全带灯熄灭后	客舱乘务员巡视客舱，并将情况报告乘务长，乘务长向机长报告客舱情况。如机上有人员受伤，按照飞行手册急救章节的处置程序进行处置	机长或指定的飞行机组进行广播（若有可能），客舱乘务员广播，视情况增加广播内容	机长或指定的飞行机组进行广播（若有可能），客舱乘务员广播，增加广播内容和次数

3.2 颠簸处置程序及操作细则

1. 可预知颠簸

在航前准备会上，飞行机组告知客舱乘务员所有颠簸信息，或在飞行中机组以安全带信号灯或使用内话系统提前告知客舱乘务员即将发生的颠簸信息。乘务长根据机组提供的航路信息，必要时可以调整服务计划。

（1）轻度可预知颠簸处置。

1）乘务长与机组确认颠簸时间、持续时长，了解预期强度及其他特别指示。

2）客舱乘务员及时对客舱进行颠簸广播提示，并检查旅客的安全带是否系好。

3）整理、固定厨房物品。

4）轻度颠簸可继续进行服务，但不提供热饮，防止烫伤旅客。

（2）中度及严重可预知颠簸处置。

1）停止一切客舱服务，及时向客舱进行颠簸广播提示。

2）确保客舱通道畅通，所有餐车推回服务间并固定。

3）检查旅客的安全带是否系好。

4）婴儿必须在成人系好安全带后方可抱妥，如时间允许，客舱乘务员最好取下婴儿摇篮并收回固定。

5）暂停卫生间的使用，并确认每个卫生间内无旅客。

6）发生颠簸，客舱乘务员应做好自身防护工作，客舱乘务员完成所有检查后，应立即回到服务间就座，并系好安全带。

2. 不可预知颠簸

当遇到突然发生的不可预知的颠簸时，客舱乘务员应口头提醒周围旅客系好安全带，直到"系好安全带"灯熄灭或接到通知。

（1）乘务组及时对客舱进行颠簸广播提示，广播通知旅客就座并系好安全带。如果停止服务，应对旅客进行广播，说明服务暂停的原因，将餐车踩下刹车固定或推回服务间固定。

（2）靠近卫生间的客舱乘务员应敲门要求旅客抓紧扶手，或立即离开卫生间就近坐下，并系好安全带。

（3）"系好安全带"灯熄灭后或接到通知后检查旅客、机组人员和客舱情况，如发现有人员受伤，应按急救程序及时进行处置。

（4）客舱乘务员向乘务长报告客舱情况，乘务长向飞行机组报告受伤人数、伤害程度、急救药箱器具使用情况、是否需要到达站救护等信息。当因颠簸造成人员伤害时，客舱乘务长可向机长提出改航、返航的建议。

任务实施

情境模拟：

川航一架从杭州飞往成都的班机在空中遇到气流发生颠簸，一名旅客为此情绪失控，极度紧张以致浑身发抖。随后在乘务员"哄孩子"般的贴心安抚下，该旅客情绪逐步稳定。这温情的一幕被另一名旅客于女士记录下来并发到网上，不少网友评论："害怕是真的害怕，空姐是真的专业。"

任务实施：

按照小组进行角色扮演，其余同学作为航班上的旅客，进行情境展示。

任务评价

根据表6-4对上述任务实施的结果进行评价。

表6-4 任务实施评价表

评价内容	分值	评分	备注
能简单说出遇到颠簸时的处置	20		
能在服务旅客的过程中使用正确的服务语言	30		
能对颠簸进行熟练处置	50		
合计	100		

项目总结

本项目讲述了客舱服务管理的相关内容，共三个任务：一是了解客舱服务的管理，二是了解客舱人员的管理，三是了解颠簸处置。通过本项目的学习，学生了解客舱服务管理的内容，掌握客舱服务管理的技巧和颠簸处置程序，能够更加灵活地运用客舱服务技巧，为旅客提供客舱服务，妥善处理各类特殊事件，使旅客对客舱服务的品质、效率感到更加满意与舒心。

思考与练习

一、填空题

1. ＿＿＿＿＿＿就是有效地利用机上各种资源，如灯光的控制、温度的调控、广播的管理等，从而达到保证安全飞行、提升服务质量的目的。
2. 在同一航班上，应由＿＿＿＿＿＿的乘务员进行客舱广播。
3. 颠簸按程度一般分为＿＿＿＿＿、＿＿＿＿＿和＿＿＿＿＿三个等级。

二、选择题

1. （　　）在航班飞行的任何阶段都不得关闭。
   A. 舱门入口灯　　　　　　　　B. 厨房值班灯
   C. 阅读灯　　　　　　　　　　D. 乘务员工作灯

2. 飞机白天飞行时，客舱温度一般调至（　　）。
   A. 18 ℃～20 ℃　　　　　　　B. 21 ℃～23 ℃
   C. 24 ℃～25 ℃　　　　　　　D. 26 ℃～27 ℃

3. 处理旅客投诉时，下列做法不正确的是（　　）。
   A. 将投诉旅客与其他旅客隔离开
   B. 耐心倾听旅客的诉说，不急于解释
   C. 安抚旅客情绪，听取其意见与要求
   D. 无论旅客提出什么要求，都应予以满足

三、简答题

1. 简述客舱管理的意义。
2. 简述乘务长对乘务员工作的管理原则。
3. 中度及严重可预知颠簸如何处置？

附　录

- 附录一　《公共航空运输旅客服务管理规定》
- 附录二　常见民航公共信息标志图形符号
- 附录三　国内主要城市及机场三字代码
- 附录四　国际主要城市及机场三字代码
- 附录五　《中华人民共和国民用航空安全保卫条例》

附录一 《公共航空运输旅客服务管理规定》

第一章 总则

第一条 为了加强公共航空运输旅客服务管理，保护旅客合法权益，维护航空运输秩序，根据《中华人民共和国民用航空法》《中华人民共和国消费者权益保护法》《中华人民共和国电子商务法》等法律、行政法规，制定本规定。

第二条 依照中华人民共和国法律成立的承运人、机场管理机构、地面服务代理人、航空销售代理人、航空销售网络平台经营者、航空信息企业从事公共航空运输旅客服务活动的，适用本规定。

外国承运人、港澳台地区承运人从事前款规定的活动，其航班始发地点或者经停地点在中华人民共和国境内（不含港澳台，下同）的，适用本规定。

第三条 中国民用航空局（以下简称民航局）负责对公共航空运输旅客服务实施统一监督管理。

中国民用航空地区管理局（以下简称民航地区管理局）负责对本辖区内的公共航空运输旅客服务实施监督管理。

第四条 依照中华人民共和国法律成立的承运人、机场管理机构应当建立公共航空运输旅客服务质量管理体系，并确保管理体系持续有效运行。

第五条 鼓励、支持承运人、机场管理机构制定高于本规定标准的服务承诺。

承运人、机场管理机构应当公布关于购票、乘机、安检等涉及旅客权益的重要信息，并接受社会监督。

第二章 一般规定

第六条 承运人应当根据本规定制定并公布运输总条件，细化相关旅客服务内容。

承运人的运输总条件不得与国家法律法规以及涉及民航管理的规章相关要求相抵触。

第七条 承运人修改运输总条件的，应当标明生效日期。

修改后的运输总条件不得将限制旅客权利或者增加旅客义务的修改内容适用于修改前已购票的旅客，但是国家另有规定的除外。

第八条 运输总条件至少应当包括下列内容：

（一）客票销售和退票、变更实施细则；

（二）旅客乘机相关规定，包括婴儿、孕妇、无成人陪伴儿童、重病患者等特殊旅客的承运标准；

（三）行李运输具体要求；

（四）超售处置规定；

（五）受理投诉的电子邮件地址和电话。

前款所列事项变化较频繁的，可以单独制定相关规定，但应当视为运输总条件的一部分，并与运输总条件在同一位置以显著方式予以公布。

第九条　承运人应当与航空销售代理人签订销售代理协议，明确公共航空运输旅客服务标准，并采取有效措施督促其航空销售代理人符合本规定相关要求。

承运人应当将客票销售、客票变更与退票、行李运输等相关服务规定准确提供给航空销售代理人；航空销售代理人不得擅自更改承运人的相关服务规定。

第十条　航空销售网络平台经营者应当对平台内航空销售代理人进行核验，不得允许未签订协议的航空销售代理人在平台上从事客票销售活动。

航空销售网络平台经营者应当处理旅客与平台内航空销售代理人的投诉纠纷，并采取有效措施督促平台内的航空销售代理人符合本规定相关要求。

第十一条　承运人应当与地面服务代理人签订地面服务代理协议，明确公共航空运输旅客服务标准，并采取有效措施督促其地面服务代理人符合本规定相关要求。

第十二条　机场管理机构应当建立地面服务代理人和航站楼商户管理制度，并采取有效措施督促其符合本规定相关要求。

第十三条　航空信息企业应当完善旅客订座、乘机登记等相关信息系统功能，确保承运人、机场管理机构、地面服务代理人、航空销售代理人、航空销售网络平台经营者等能够有效实施本规定要求的服务内容。

第十四条　承运人、机场管理机构、地面服务代理人、航空销售代理人、航空销售网络平台经营者、航空信息企业应当遵守国家关于个人信息保护的规定，不得泄露、出售、非法使用或者向他人提供旅客个人信息。

第三章　客票销售

第十五条　承运人或者其航空销售代理人通过网络途径销售客票的，应当以显著方式告知购票人所选航班的主要服务信息，至少应当包括：

（一）承运人名称，包括缔约承运人和实际承运人；

（二）航班始发地、经停地、目的地的机场及其航站楼；

（三）航班号、航班日期、舱位等级、计划出港和到港时间；

（四）同时预订两个及以上航班时，应当明确是否为联程航班；

（五）该航班适用的票价以及客票使用条件，包括客票变更规则和退票规则等；

（六）该航班是否提供餐食；

（七）按照国家规定收取的税、费；

（八）该航班适用的行李运输规定，包括行李尺寸、重量、免费行李额等。

承运人或者其航空销售代理人通过售票处或者电话等其他方式销售客票的，应当告知购票人前款信息或者获取前款信息的途径。

第十六条　承运人或者其航空销售代理人通过网络途径销售客票的，应当将运输总条件的全部内容纳入到旅客购票时的必读内容，以必选项的形式确保购票人在购票环节阅知。

承运人或者其航空销售代理人通过售票处或者电话等其他方式销售客票的，应当提示购票人阅读运输总条件并告知阅读运输总条件的途径。

第十七条　承运人或者其航空销售代理人在销售国际客票时，应当提示旅客自行查阅航班始发地、经停地或者目的地国的出入境相关规定。

第十八条　购票人应当向承运人或者其航空销售代理人提供国家规定的必要个人信息以及旅客真实有效的联系方式。

第十九条　承运人或者其航空销售代理人在销售客票时，应当将购票人提供的旅客联系方式等必要个人信息准确录入旅客订座系统。

第二十条　承运人或者其航空销售代理人出票后，应当以电子或者纸质等书面方式告知旅客涉及行程的重要内容，至少应当包括：

（一）本规定第十五条第一款所列信息；

（二）旅客姓名；

（三）票号或者合同号以及客票有效期；

（四）出行提示信息，包括航班始发地停止办理乘机登记手续的时间要求、禁止或者限制携带的物品等；

（五）免费获取所适用运输总条件的方式。

第二十一条　承运人、航空销售代理人、航空销售网络平台经营者、航空信息企业应当保存客票销售相关信息，并确保信息的完整性、保密性、可用性。

前款规定的信息保存时间自交易完成之日起不少于3年。法律、行政法规另有规定的，依照其规定。

第四章　客票变更与退票

第二十二条　客票变更，包括旅客自愿变更客票和旅客非自愿变更客票。

退票，包括旅客自愿退票和旅客非自愿退票。

第二十三条　旅客自愿变更客票或者自愿退票的，承运人或者其航空销售代理人应当按照所适用的运输总条件、客票使用条件办理。

第二十四条　由于承运人原因导致旅客非自愿变更客票的，承运人或者其航空销售代理人应当在有可利用座位或者被签转承运人同意的情况下，为旅客办理改期或者签转，不得向旅客收取客票变更费。

由于非承运人原因导致旅客非自愿变更客票的，承运人或者其航空销售代理人应当按照所适用的运输总条件、客票使用条件办理。

第二十五条　旅客非自愿退票的，承运人或者其航空销售代理人不得收取退票费。

第二十六条　承运人或者其航空销售代理人应当在收到旅客有效退款申请之日起7个工作日内办理完成退款手续，上述时间不含金融机构处理时间。

第二十七条　在联程航班中，因其中一个或者几个航段变更，导致旅客无法按照约定时间完成整个行程的，缔约承运人或者其航空销售代理人应当协助旅客到达最终目的地或者中途分程地。

在联程航班中，旅客非自愿变更客票的，按照本规定第二十四条办理；旅客非自愿退票的，按照本规定第二十五条办理。

第五章　乘机

第二十八条　机场管理机构应当在办理乘机登记手续、行李托运、安检、海关、边检、登机口、中转通道等旅客乘机流程的关键区域设置标志标识指引，确保标志标识清晰、准确。

第二十九条　旅客在承运人或者其地面服务代理人停止办理乘机登记手续前，凭与购票时一致的有效身份证件办理客票查验、托运行李、获取纸质或者电子登机凭证。

第三十条　旅客在办理乘机登记手续时，承运人或者其地面服务代理人应当将旅客姓名、航班号、乘机日期、登机时间、登机口、航程等已确定信息准确、清晰地显示在纸质或者电子登机凭证上。

登机口、登机时间等发生变更的，承运人、地面服务代理人、机场管理机构应当及时告知旅客。

第三十一条　有下列情况之一的，承运人应当拒绝运输：

（一）依据国家有关规定禁止运输的旅客或者物品；

（二）拒绝接受安全检查的旅客；

（三）未经安全检查的行李；

（四）办理乘机登记手续时出具的身份证件与购票时身份证件不一致的旅客；

（五）国家规定的其他情况。

除前款规定外，旅客的行为有可能危及飞行安全或者公共秩序的，承运人有权拒绝运输。

第三十二条　旅客因本规定第三十一条被拒绝运输而要求出具书面说明的，除国家另有规定外，承运人应当及时出具；旅客要求变更客票或者退票的，承运人可以按照所适用的运输总条件、客票使用条件办理。

第三十三条　承运人、机场管理机构应当针对旅客突发疾病、意外伤害等对旅客健康情况产生重大影响的情形，制定应急处置预案。

第三十四条　因承运人原因导致旅客误机、错乘、漏乘的，承运人或者其航空销售代理人应当按照本规定第二十四条第一款、第二十五条办理客票变更或者退票。

因非承运人原因导致前款规定情形的，承运人或者其航空销售代理人可以按照本规定第二十三条办理客票变更或者退票。

第六章　行李运输

第三十五条　承运人、地面服务代理人、机场管理机构应当建立托运行李监控制度，防止行李在运送过程中延误、破损、丢失等情况发生。

承运人、机场管理机构应当积极探索行李跟踪等新技术应用，建立旅客托运行李全流程跟踪机制。

第三十六条　旅客的托运行李、非托运行李不得违反国家禁止运输或者限制运输的相关规定。

在收运行李时或者运输过程中，发现行李中装有不得作为行李运输的任何物品，承运人应当拒绝收运或者终止运输，并通知旅客。

第三十七条　承运人应当在运输总条件中明确行李运输相关规定，至少包括下列内容：

（一）托运行李和非托运行李的尺寸、重量以及数量要求；

（二）免费行李额；

（三）超限行李费计算方式；

（四）是否提供行李声明价值服务，或者为旅客办理行李声明价值的相关要求；

（五）是否承运小动物，或者运输小动物的种类及相关要求；

（六）特殊行李的相关规定；

（七）行李损坏、丢失、延误的赔偿标准或者所适用的国家有关规定、国际公约。

第三十八条　承运人或者其地面服务代理人应当在收运行李后向旅客出具纸质或者电子行李凭证。

第三十九条　承运人应当将旅客的托运行李与旅客同机运送。

除国家另有规定外，不能同机运送的，承运人应当优先安排该行李在后续的航班上运送，并及时通知旅客。

第四十条　旅客的托运行李延误到达的，承运人应当及时通知旅客领取。

除国家另有规定外，由于非旅客原因导致托运行李延误到达，旅客要求直接送达的，承运人应当免费将托运行李直接送达旅客或者与旅客协商解决方案。

第四十一条　在行李运输过程中，托运行李发生延误、丢失或者损坏，旅客要求出具行李运输事故凭证的，承运人或者其地面服务代理人应当及时提供。

第七章　航班超售

第四十二条　承运人超售客票的，应当在超售前充分考虑航线、航班班次、时间、机型以及衔接航班等情况，最大程度避免旅客因超售被拒绝登机。

第四十三条　承运人应当在运输总条件中明确超售处置相关规定，至少包括下列内容：

（一）超售信息告知规定；

（二）征集自愿者程序；

（三）优先登机规则；

（四）被拒绝登机旅客赔偿标准、方式和相关服务标准。

第四十四条　因承运人超售导致实际乘机旅客人数超过座位数时，承运人或者其地面服务代理人应当根据征集自愿者程序，寻找自愿放弃行程的旅客。

未经征集自愿者程序，不得使用优先登机规则确定被拒绝登机的旅客。

第四十五条　在征集自愿者时，承运人或者其地面服务代理人应当与旅客协商自愿放弃行程的条件。

第四十六条　承运人的优先登机规则应当符合公序良俗原则，考虑的因素至少应当包括老幼病残孕等特殊旅客的需求、后续航班衔接等。

承运人或者其地面服务代理人应当在经征集自愿者程序未能寻找到足够的自愿者后，方可根据优先登机规则确定被拒绝登机的旅客。

第四十七条　承运人或者其地面服务代理人应当按照超售处置规定向被拒绝登机旅客给予赔偿，并提供相关服务。

第四十八条　旅客因超售自愿放弃行程或者被拒绝登机时，承运人或者其地面服务代理人应当根据旅客的要求，出具因超售而放弃行程或者被拒绝登机的证明。

第四十九条　因超售导致旅客自愿放弃行程或者被拒绝登机的，承运人应当按照本规定第二十四条第一款、第二十五条办理客票变更或者退票。

第八章　旅客投诉

第五十条　因公共航空运输旅客服务发生争议的，旅客可以向承运人、机场管理机构、地面服务代理人、航空销售代理人、航空销售网络平台经营者投诉，也可以向民航行政机关投诉。

第五十一条　承运人、机场管理机构、地面服务代理人、航空销售代理人、航空销售网络平台经营者应当设置电子邮件地址、中华人民共和国境内的投诉受理电话等投诉渠道，并向社会公布。

承运人、机场管理机构、地面服务代理人、航空销售代理人、航空销售网络平台经营者应当设立专门机构或者指定专人负责受理投诉工作。

港澳台地区承运人和外国承运人应当具备以中文受理和处理投诉的能力。

第五十二条　承运人、机场管理机构、地面服务代理人、航空销售代理人、航空销售网络平台经营者收到旅客投诉后，应当及时受理；不予受理的，应当说明理由。

承运人、机场管理机构、地面服务代理人、航空销售代理人、航空销售网络平台经营者应当在收到旅客投诉之日起10个工作日内做出包含解决方案的处理结果。

承运人、机场管理机构、地面服务代理人、航空销售代理人、航空销售网络平台经营者应当书面记录旅客的投诉情况及处理结果，投诉记录至少保存3年。

第五十三条　民航局消费者事务中心受民航局委托统一受理旅客向民航行政机关的投诉。

民航局消费者事务中心应当建立、畅通民航服务质量监督平台和民航服务质量监督电话等投诉渠道，实现全国投诉信息一体化。

旅客向民航行政机关投诉的，民航局消费者事务中心、承运人、机场管理机构、地面服务代理人、航空销售代理人、航空销售网络平台经营者应当在民航服务质量监督平台上进行投诉处理工作。

第九章　信息报告

第五十四条　承运人应当将运输总条件通过民航服务质量监督平台进行备案。

运输总条件发生变更的，应当自变更之日起5个工作日内在民航服务质量监督平台上更新备案。

备案的运输总条件应当与对外公布的运输总条件保持一致。

第五十五条　承运人应当将其地面服务代理人、航空销售代理人的相关信息通过民航服务质量监督平台进行备案。

前款所述信息发生变更的，应当自变更之日起 5 个工作日内在民航服务质量监督平台上更新备案。

第五十六条　承运人、机场管理机构、地面服务代理人、航空销售代理人、航空销售网络平台经营者应当将投诉受理电话、电子邮件地址、投诉受理机构等信息通过民航服务质量监督平台进行备案。

前款所述信息发生变更的，应当自变更之日起 5 个工作日内在民航服务质量监督平台上更新备案。

第五十七条　承运人、机场管理机构、地面服务代理人、航空销售代理人、航空销售网络平台经营者、航空信息企业等相关单位，应当按照民航行政机关要求报送旅客运输服务有关数据和信息，并对真实性负责。

第十章　监督管理及法律责任

第五十八条　有下列行为之一的，由民航行政机关责令限期改正；逾期未改正的，依法记入民航行业严重失信行为信用记录：

（一）承运人违反本规定第六条、第七条、第八条，未按照要求制定、修改、适用或者公布运输总条件的；

（二）承运人或者其地面服务代理人违反本规定第四十四条、第四十五条、第四十六条第二款、第四十七条，未按照要求为旅客提供超售后的服务的；

（三）承运人、机场管理机构、地面服务代理人、航空销售代理人、航空销售网络平台经营者违反本规定第五十一条第一款、第二款，第五十二条第一款、第二款，未按照要求开展投诉受理或者处理工作的。

第五十九条　有下列行为之一的，由民航行政机关责令限期改正；逾期未改正的，处 1 万元以下的罚款；情节严重的，处 2 万元以上 3 万元以下的罚款：

（一）承运人、航空销售网络平台经营者、机场管理机构违反本规定第九条第一款、第十条第二款、第十一条、第十二条，未采取有效督促措施的；

（二）承运人、航空销售代理人违反本规定第九条第二款，未按照要求准确提供相关服务规定或者擅自更改承运人相关服务规定的；

（三）航空信息企业违反本规定第十三条，未按照要求完善信息系统功能的；

（四）承运人或者其航空销售代理人违反本规定第十九条，未按照要求录入旅客信息的；

（五）承运人、航空销售代理人、航空信息企业违反本规定第二十一条，未按照要求保存相关信息的；

（六）承运人违反本规定第三十二条，未按照要求出具被拒绝运输书面说明的；

（七）承运人、机场管理机构违反本规定第三十三条，未按照要求制定应急处置预案的；

（八）承运人、地面服务代理人、机场管理机构违反本规定第三十五条第一款，未按照要求建立托运行李监控制度的；

（九）承运人或者其地面服务代理人违反本规定第四十一条，未按照要求提供行李运输事故凭证的；

（十）承运人或者其地面服务代理人违反本规定第四十八条，未按照要求出具相关证明的；

（十一）港澳台地区承运人和外国承运人违反本规定第五十一条第三款，未按照要求具备以中文受理和处理投诉能力的；

（十二）承运人、机场管理机构、地面服务代理人、航空销售代理人、航空销售网络平台经营者违反本规定第五十二条第三款，未按照要求保存投诉记录的；

（十三）承运人、机场管理机构、地面服务代理人、航空销售代理人、航空销售网络平台经营者违反本规定第五十三条第三款，未按照要求在民航服务质量监督平台上处理投诉的；

（十四）承运人违反本规定第五十四条、第五十五条，未按照要求将运输总条件、地面服务代理人、航空销售代理人的相关信息备案的；

（十五）承运人、机场管理机构、地面服务代理人、航空销售代理人、航空销售网络平台经营者违反本规定第五十六条，未按照要求将投诉相关信息备案的；

（十六）承运人、机场管理机构、地面服务代理人、航空销售代理人、航空销售网络平台经营者违反本规定第五十七条，未按照要求报送相关数据和信息的。

第六十条　航空销售网络平台经营者有本规定第十条第一款规定的行为，构成《中华人民共和国电子商务法》规定的不履行核验义务的，依照《中华人民共和国电子商务法》的规定执行。

第六十一条　承运人、机场管理机构、地面服务代理人、航空销售代理人、航空销售网络平台经营者、航空信息企业违反本规定第十四条，侵害旅客个人信息，构成《中华人民共和国消费者权益保护法》规定的侵害消费者个人信息依法得到保护的权利的，依照《中华人民共和国消费者权益保护法》的规定执行。

承运人或者其航空销售代理人违反本规定第二十三条、第二十四条、第二十五条、第二十六条、第二十七条，未按照要求办理客票变更、退票或者未履行协助义务，构成《中华人民共和国消费者权益保护法》规定的故意拖延或者无理拒绝消费者提出的更换、退还服务费用要求的，依照《中华人民共和国消费者权益保护法》的规定执行。

第六十二条　机场管理机构违反本规定第二十八条，未按照要求设置标志标识，构成《民用机场管理条例》规定的未按照国家规定的标准配备相应设施设备的，依照《民用机场管理条例》的规定执行。

第十一章　附则

第六十三条　本规定中下列用语的含义是：

（一）承运人，是指以营利为目的，使用民用航空器运送旅客、行李的公共航空运输企业。

（二）缔约承运人，是指使用本企业票证和票号，与旅客签订航空运输合同的承运人。

（三）实际承运人，是指根据缔约承运人的授权，履行相关运输的承运人。

（四）机场管理机构，是指依法组建的或者受委托的负责机场安全和运营管理的具有法人资格的机构。

（五）地面服务代理人，是指依照中华人民共和国法律成立的，与承运人签订地面代理协议，在中华人民共和国境内机场从事公共航空运输地面服务代理业务的企业。

（六）航空销售代理人，是指依照中华人民共和国法律成立的，与承运人签订销售代理协议，从事公共航空运输旅客服务销售业务的企业。

（七）航空销售网络平台经营者，是指依照中华人民共和国法律成立的，在电子商务中为承运人或者航空销售代理人提供网络经营场所、交易撮合、信息发布等服务，供其独立开展公共航空运输旅客服务销售活动的企业。

（八）航空信息企业，是指为公共航空运输提供旅客订座、乘机登记等相关系统的企业。

（九）民航行政机关，是指民航局和民航地区管理局。

（十）公共航空运输旅客服务，是指承运人使用民用航空器将旅客由出发地机场运送至目的地机场的服务。

（十一）客票，是运输凭证的一种，包括纸质客票和电子客票。

（十二）已购票，是指根据法律规定或者双方当事人约定，航空运输合同成立的状态。

（十三）客票变更，是指对客票改期、变更舱位等级、签转等情形。

（十四）自愿退票，是指旅客因其自身原因要求退票。

（十五）非自愿退票，是指因航班取消、延误、提前，航程改变、舱位等级变更或者承运人无法运行原航班等情形，导致旅客退票的情形。

（十六）自愿变更客票，是指旅客因其自身原因要求变更客票。

（十七）非自愿变更客票，指因航班取消、延误、提前、航程改变、舱位等级变更或者承运人无法运行原航班等情形，导致旅客变更客票的情形。

（十八）承运人原因，是指承运人内部管理原因，包括机务维护、航班调配、机组调配等。

（十九）非承运人原因，是指与承运人内部管理无关的其他原因，包括天气、突发事件、空中交通管制、安检、旅客等因素。

（二十）行李，是指承运人同意运输的、旅客在旅行中携带的物品，包括托运行李和非托运行李。

（二十一）托运行李，是指旅客交由承运人负责照管和运输并出具行李运输凭证的行李。

（二十二）非托运行李，是指旅客自行负责照管的行李。

（二十三）票价，是指承运人使用民用航空器将旅客由出发地机场运送至目的地机场的航空运输服务的价格，不包含按照国家规定收取的税费。

（二十四）计划出港时间，是指航班时刻管理部门批准的离港时间。

（二十五）计划到港时间，是指航班时刻管理部门批准的到港时间。

（二十六）客票使用条件，是指定座舱位代码或者票价种类所适用的票价规则。

（二十七）客票改期，是指客票列明同一承运人的航班时刻、航班日期的变更。

（二十八）签转，是指客票列明承运人的变更。

（二十九）联程航班，是指被列明在单一运输合同中的两个（含）以上的航班。

（三十）误机，是指旅客未按规定时间办妥乘机手续或者因身份证件不符合规定而未能乘机。

（三十一）错乘，是指旅客搭乘了不是其客票列明的航班。

（三十二）漏乘，是指旅客办妥乘机手续后或者在经停站过站时未能搭乘其客票列明的航班。

（三十三）小动物，是指旅客托运的小型动物，包括家庭饲养的猫、狗或者其他类别的小动物。

（三十四）超售，是指承运人为避免座位虚耗，在某一航班上销售座位数超过实际可利用座位数的行为。

（三十五）经停地点，是指除出发地点和目的地点外，作为旅客旅行路线上预定经停的地点。

（三十六）中途分程地，是指经承运人事先同意，旅客在出发地和目的地间旅行时有意安排在某个地点的旅程间断。

第六十四条　本规定以工作日计算的时限均不包括当日，从次日起计算。

第六十五条　本规定自 2021 年 9 月 1 日起施行。原民航总局于 1996 年 2 月 28 日公布的《中国民用航空旅客、行李国内运输规则》（民航总局令第 49 号）、2004 年 7 月 12 日公布的《中国民用航空总局关于修订〈中国民用航空旅客、行李国内运输规则〉的决定》（民航总局令第 124 号）和 1997 年 12 月 8 日公布的《中国民用航空旅客、行李国际运输规则》（民航总局令第 70 号）同时废止。

本规定施行前公布的涉及民航管理的规章中关于客票变更、退票以及旅客投诉管理的内容与本规定不一致的，按照本规定执行。

附录二　常见民航公共信息标志图形符号

图形符号	名称	简介
	飞机场 Aircraft	表示民用飞机场或提供民航服务； 用于公共场所、建筑物、服务设施、方向指示牌、平面布置图、信息板、时刻表、出版物等
	直升机场 Helicopter	表示直升机运输设施
	方向 Direction	表示方向； 用于公共场所、建筑物、服务设施、方向指示牌、出版物等，符号方向视具体情况设置
	入口 Entry	表示入口位置或指明进去的通道； 用于公共场所、建筑物、服务设施、方向指示牌、平面布置图、运输工具、出版物等
	出口 Exit	表示出口位置或指明出口的通道； 用于公共场所、建筑物、服务设施、方向指示牌、平面布置图、运输工具、出版物等
	楼梯 Stairs	表示上下共用的楼梯，不表示自动扶梯； 用于公共场所、建筑物、服务设施、方向指示牌、平面布置图、出版物等
	上楼楼梯 Stairs Up	表示仅允许上楼的楼梯，不表示自动扶梯； 用于公共场所、建筑物、服务设施、方向指示牌、平面布置图、出版物等
	下楼楼梯 Stairs Down	表示仅允许下楼的楼梯，不表示自动扶梯； 用于公共场所、建筑物、服务设施、方向指示牌、平面布置图、出版物等
	向上自动扶梯 Escalators Up	表示供人们使用的上行自动扶梯； 设置时可根据具体情况将符号改为其镜像

续表

图形符号	名称	简介
	向下自动扶梯 Escalators Down	表示供人们使用的下行自动扶梯； 设置时可根据具体情况将符号改为其镜像
	水平步道 Moving Walkway	表示供人们使用的水平运行的自动扶梯
	电梯 Elevator；Lift	表示公用的垂直升降电梯； 用于公共场所、建筑物、服务设施、方向指示牌、平面布置图、出版物等
	残疾人电梯 Elevator for Handicapped Persons	表示供残疾人使用的电梯
	残疾人 Access for Handicapped Persons	表示残疾人专用设施
	洗手间 Toilets	表示有供男女使用的漱洗设施； 根据具体情况，男女图形位置可以互换
	男性 Male	表示专供男性使用的设施，如男厕所、男浴室等； 用于公共场所、建筑物、服务设施、方向指示牌、平面布置图、运输工具、出版物等
	女性 Female	表示专供女性使用的设施，如女厕所、女浴室等； 用于公共场所、建筑物、服务设施、方向指示牌、平面布置图、运输工具、出版物等

续表

图形符号	名称	简介
	售票 Ticketing	表示出售、候补机票、汽车票的场所
	办理乘机手续 Check-in	表示旅客办理登机卡和交运手提行李等乘机手续的场所
	出发 Departures	表示旅客离港及送客的地点；设置时可根据具体情况将符号改为其镜像
	中转联程 Connecting Flights	表示持联程客票的旅客办理中转手续、候机场所
	托运行李检查 Baggage Check	表示对登机旅客交运的行李进行检查的场所
	安全检查 Security Check	表示对乘机旅客进行安全检查的通道
	行李提取 Baggage Claim Area	表示到达旅客提取交运行李的场所
	行李查询 Baggage Inquiries	表示机场、宾馆帮助旅客查找行李的场所（不代表失物招领）

续表

图形符号	名称	简介
	卫生检疫 Quarantine	表示由口岸卫生检疫机关对出入境人员、交通工具、货物、行李、邮包和食品实施检疫查验、传染病监测、卫生监督、卫生检验的场所
	边防检查 Immigration	表示对涉外旅客进行边防护照检查的场所
	动植物检疫 Animal and Plant Quarantine	表示由口岸动植物检疫机关对输入、输出和过境动植物及其产品与其他检疫物实施检疫的场所
	海关 Customs	表示进行海关检查的场所
	红色通道 Red Channel	表示对通过海关的旅客所携带的全部行李进行检查的通道
	候机厅 Waiting Hall	表示供人们休息、等候的场所，如车站的候车室、机场的候机厅、医院的候诊室等； 用于公共场所、建筑物、服务设施、方向指示牌、平面布置图、出版物等
	头等舱候机室 First Class Lounge	表示持头等舱客票的旅客候机的场所

续表

图形符号	名称	简介
	登机口 Gate	表示登机的通道口； 根据具体需要变换数字
	行李手推车 Baggage Cart	表示供旅客使用的行李手推车的存放地点；用于公共场所、建筑物、服务设施、方向指示牌、平面布置图、信息板、出版物等
	育婴室 Nursery	表示带婴儿旅客等候的专用场所
	商店 Shopping Area	表示出售各种商品的商店或小卖部
	结账 Settle Accounts	表示用现金或支票进行结算的场所，如售票付款处、超重行李付款处，宾馆、饭店的前台结账处，以及商场等场所的付款处等，用于公共场所、建筑物、服务设施等
	宾馆服务 Hotel Service	表示查询、预订旅社、饭店的场所
	租车服务 Car Hire	表示提供旅客租车服务的场所

续表

图形符号	名称	简介
	地铁 Subway Station	表示地铁车站及设施
	停车场 Parking Lot	表示停放机动车辆的场所
	航空货运 Air Freight	表示办理航空货运的场所
	货物检查 Freight Check	表示机场货运处对托运货物进行安全检查的场所
	货物交运 Freight Check-in	表示交运货物的场所； 设置时可根据具体情况改为其镜像
	货物提取 Freight Claim	表示领取托运货物的场所； 设置时可根据具体情况改为其镜像

续表

图形符号	名称	简介
	货物查询 Freight Inquiries	表示机场帮助货主查找货物的场所
	旅客止步 Passenger No Entry	表示非工作人员在此止步
	禁止吸烟 No Smoking	表示该场所不允许吸烟
	禁止携带托运武器及仿真武器 Carrying Weapons and Emulating Weapons Prohibyted	表示禁止携带和托运武器、凶器及仿真武器，本符号不能单独使用
	禁止携带托运易燃及易爆物品 Carrying Flammable, Explosive Materials Prohibited	表示禁止携带和托运易燃、易爆及其他危险品，本符号不能单独使用
	禁止携带托运剧毒物品及有害液体 Carrying Poison Materials, Harmful Liquid Prohibite	表示禁止携带和托运剧毒物品、有害液体物品，本符号不能单独使用

续表

图形符号	名称	简介
	绿色通道 Green Channel	表示对通过海关的旅客所携带的部分行李进行检查的通道
	禁止携带托运放射性及磁性物品 Carrying Radioactive, Magnetic Materials Prohibited	表示禁止携带和托运放射性物质及超过规定的磁性物质

附录三　国内主要城市及机场三字代码

省、自治区、直辖市、特别行政区	地区名称	三字代码	机场名称
安徽	合肥	HFE	合肥新桥国际机场
安徽	黄山	TXN	黄山屯溪国际机场
北京	北京	PEK	北京首都国际机场
福建	福州	FOC	福州长乐国际机场
福建	厦门	XMN	厦门高崎国际机场
甘肃	嘉峪关	JGN	嘉峪关机场
甘肃	兰州	LHW	兰州中川国际机场
广东	广州	CAN	广州白云国际机场
广东	珠海	ZUH	珠海金湾国际机场
广西	桂林	KWL	桂林两江国际机场
广西	南宁	NNG	南宁吴圩国际机场
贵州	贵阳	KWE	贵阳龙洞堡国际机场
海南	海口	HAK	海口美兰国际机场
海南	三亚	SYX	三亚凤凰国际机场
河北	石家庄	SJW	石家庄正定国际机场
河南	郑州	CGO	郑州新郑国际机场
黑龙江	哈尔滨	HRB	哈尔滨太平国际机场
湖北	武汉	WUH	武汉天河国际机场
湖南	长沙	CSX	长沙黄花国际机场
吉林	长春	CCQ	长春龙嘉国际机场
江苏	南京	NKG	南京禄口国际机场
江西	南昌	KHN	南昌昌北国际机场
辽宁	沈阳	SHE	沈阳桃仙国际机场
内蒙古	包头	BAV	包头东沙机场
宁夏	银川	INC	银川河东国际机场

续表

省、自治区、直辖市、特别行政区	地区名称	三字代码	机场名称
青海	西宁	XNN	西宁曹家堡国际机场
山东	青岛	TAO	青岛流亭国际机场
山东	济南	TNA	济南遥墙国际机场
山西	太原	TYN	太原武宿国际机场
陕西	西安	XIY	西安咸阳国际机场
上海	浦东	PVG	上海浦东国际机场
上海	虹桥	SHA	上海虹桥国际机场
四川	成都	CTU	成都双流国际机场
天津	天津	TSN	天津滨海国际机场
西藏	拉萨	LXA	拉萨贡嘎国际机场
新疆	乌鲁木齐	URC	乌鲁木齐地窝堡国际机场
云南	昆明	KMG	昆明长水国际机场
浙江	杭州	HGH	杭州萧山国际机场
重庆	重庆	CKG	重庆江北国际机场
香港	香港	HKG	香港国际机场
澳门	澳门	MFM	澳门国际机场
台湾	台北	TPE	台湾桃园国际机场

附录四 国际主要城市及机场三字代码

机场三字代码	地区名称	所属国家和地区
AKL	奥克兰	新西兰
AMS	阿姆斯特丹	荷兰
ATH	雅典	希腊
AUH	阿布扎比	阿拉伯联合着酋长国
BCN	巴塞罗那	西班牙
BER	柏林	德国
BKK	曼谷	泰国
BOM	孟买	印度
BRN	伯尔尼	瑞士
BRU	布鲁塞尔	比利时
BSB	巴西利亚	巴西
BSL	巴塞尔	瑞士
BUD	布达佩斯	匈牙利
BUE	布宜诺斯艾利斯	阿根廷
CBR	堪培拉	澳大利亚
CCU	加尔各答	印度
CHI	芝加哥	美国
CPH	哥本哈根	丹麦
CPT	开普敦	南非
DXB	迪拜	阿拉伯联合酋长国
FRA	法兰克福	德国
HEL	赫尔辛基	芬兰
HNL	夏威夷	美国
ICN	首尔	韩国
LAX	洛杉矶	美国
LED	圣彼得堡	俄罗斯

续表

机场三字代码	地区名称	所属国家和地区
LIS	里斯本	葡萄牙
LON	伦敦	英国
MAD	马德里	西班牙
MAN	曼彻斯特	英国
MEL	墨尔本	澳大利亚
MEX	墨西哥城	墨西哥
MIL	米兰	意大利
NYC	纽约	美国
TYO	东京	日本
OSA	大阪	日本
OSL	奥斯陆	挪威
PAR	巴黎	法国
PFN	巴拿马城	巴拿马
REK	雷克雅未克	冰岛
RIO	里约热内卢	巴西
ROM	罗马	意大利
SEZ	塞舌尔	塞舌尔群岛
SFO	旧金山	美国
SIN	新加坡	新加坡
SYD	悉尼	澳大利亚
WAS	华盛顿	美国
YVR	温哥华	加拿大
YYZ	多伦多	加拿大
ZRH	苏黎世	瑞士

附录五 《中华人民共和国民用航空安全保卫条例》

《中华人民共和国民用航空安全保卫条例》是为了防止对民用航空活动的非法干扰，维护民用航空秩序，保障民用航空安全制定的条例；于1996年7月6日中华人民共和国国务院令第201号发布，根据2011年1月8日《国务院关于废止和修改部分行政法规的决定》修订。

第一章 总则

第一条 为了防止对民用航空活动的非法干扰，维护民用航空秩序，保障民用航空安全，制定本条例。

第二条 本条例适用于在中华人民共和国领域内的一切民用航空活动以及与民用航空活动有关的单位和个人。

在中华人民共和国领域外从事民用航空活动的具有中华人民共和国国籍的民用航空器适用本条例；但是，中华人民共和国缔结或者参加的国际条约另有规定的除外。

第三条 民用航空安全保卫工作实行统一管理、分工负责的原则。

民用航空公安机关（以下简称民航公安机关）负责对民用航空安全保卫工作实施统一管理、检查和监督。

第四条 有关地方人民政府与民用航空单位应当密切配合，共同维护民用航空安全。

第五条 旅客、货物托运人和收货人以及其他进入机场的人员，应当遵守民用航空安全管理的法律、法规和规章。

第六条 民用机场经营人和民用航空器经营人应当履行下列职责：

（一）制定本单位民用航空安全保卫方案，并报国务院民用航空主管部门备案；

（二）严格实行有关民用航空安全保卫的措施；

（三）定期进行民用航空安全保卫训练，及时消除危及民用航空安全的隐患。

与中华人民共和国通航的外国民用航空企业，应当向国务院民用航空主管部门报送民用航空安全保卫方案。

第七条 公民有权向民航公安机关举报预谋劫持、破坏民用航空器或者其他危害民用航空安全的行为。

第八条　对维护民用航空安全做出突出贡献的单位或者个人，由有关人民政府或者国务院民用航空主管部门给予奖励。

第二章　民用机场的安全保卫

第九条　民用机场（包括军民合用机场中的民用部分，下同）的新建、改建或者扩建，应当符合国务院民用航空主管部门关于民用机场安全保卫设施建设的规定。

第十条　民用机场开放使用，应当具备下列安全保卫条件：

（一）设有机场控制区并配备专职警卫人员；

（二）设有符合标准的防护围栏和巡逻通道；

（三）设有安全保卫机构并配备相应的人员和装备；

（四）设有安全检查机构并配备与机场运输量相适应的人员和检查设备；

（五）设有专职消防组织并按照机场消防等级配备人员和设备；

（六）订有应急处置方案并配备必要的应急援救设备。

第十一条　机场控制区应当根据安全保卫的需要，划定为候机隔离区、行李分拣装卸区、航空器活动区和维修区、货物存放区等，并分别设置安全防护设施和明显标志。

第十二条　机场控制区应当有严密的安全保卫措施，实行封闭式分区管理。具体管理办法由国务院民用航空主管部门制定。

第十三条　人员与车辆进入机场控制区，必须佩带机场控制区通行证并接受警卫人员的检查。

机场控制区通行证，由民航公安机关按照国务院民用航空主管部门的有关规定制发和管理。

第十四条　在航空器活动区和维修区内的人员、车辆必须按照规定路线行进，车辆、设备必须在指定位置停放，一切人员、车辆必须避让航空器。

第十五条　停放在机场的民用航空器必须有专人警卫；各有关部门及其工作人员必须严格执行航空器警卫交接制度。

第十六条　机场内禁止下列行为：

（一）攀（钻）越、损毁机场防护围栏及其他安全防护设施；

（二）在机场控制区内狩猎、放牧、晾晒谷物、教练驾驶车辆；

（三）无机场控制区通行证进入机场控制区；

（四）随意穿越航空器跑道、滑行道；

（五）强行登、占航空器；

（六）谎报险情，制造混乱；

（七）扰乱机场秩序的其他行为。

第三章　民用航空营运的安全保卫

第十七条　承运人及其代理人出售客票，必须符合国务院民用航空主管部门的有关规定；对不符合规定的，不得售予客票。

第十八条　承运人办理承运手续时，必须核对乘机人和行李。

第十九条　旅客登机时，承运人必须核对旅客人数。

对已经办理登机手续而未登机的旅客的行李，不得装入或者留在航空器内。

旅客在航空器飞行中途中止旅行时，必须将其行李卸下。

第二十条　承运人对承运的行李、货物，在地面存储和运输期间，必须有专人监管。

第二十一条　配制、装载供应品的单位对装入航空器的供应品，必须保证其安全性。

第二十二条　航空器在飞行中的安全保卫工作由机长统一负责。

航空安全员在机长领导下，承担安全保卫的具体工作。

机长、航空安全员和机组其他成员，应当严格履行职责，保护民用航空器及其所载人员和财产的安全。

第二十三条　机长在执行职务时，可以行使下列权力：

（一）在航空器起飞前，发现有关方面对航空器未采取本条例规定的安全措施的，拒绝起飞；

（二）在航空器飞行中，对扰乱航空器内秩序，干扰机组人员正常工作而不听劝阻的人，采取必要的管束措施；

（三）在航空器飞行中，对劫持、破坏航空器或者其他危及安全的行为，采取必要的措施；

（四）在航空器飞行中遇到特殊情况时，对航空器的处置作最后决定。

第二十四条　禁止下列扰乱民用航空营运秩序和行为：

（一）倒卖购票证件、客票和航空运输企业的有效订座凭证；

（二）冒用他人身份证件购票、登机；

（三）利用客票交运或者捎带非旅客本人的行李物品；

（四）将未经安全检查或者采取其他安全措施的物品装入航空器。

第二十五条　航空器内禁止下列行为：

（一）在禁烟区吸烟；

（二）抢占座位、行李舱（架）；

（三）打架、酗酒、寻衅滋事；

（四）盗窃、故意损坏或者擅自移动救生物品和设备；

（五）危及飞行安全和扰乱航空器内秩序的其他行为。

第四章　安全检查

第二十六条　乘坐民用航空器的旅客和其他人员及其携带的行李物品，必须接受安全检查；但是，国务院规定免检的除外。

拒绝接受安全检查的，不准登机，损失自行承担。

第二十七条　安全检查人员应当查验旅客客票、身份证件和登机牌，使用仪器或者手工对旅客及其行李物品进行安全检查，必要时可以从严检查。

已经安全检查的旅客应当在候机隔离区等待登机。

第二十八条　进入候机隔离区的工作人员（包括机组人员）及其携带的物品，应当接受安全检查。

接送旅客的人员和其他人员不得进入候机隔离区。

第二十九条　外交邮袋免予安全检查。外交信使及其随身携带的其他物品应当接受安全检查；但是，中华人民共和国缔结或者参加的国际条约另有规定的除外。

第三十条　空运的货物必须经过安全检查或者对其采取的其他安全措施。

货物托运人不得伪报品名托运或者在货物中央夹带危险物品。

第三十一条　航空邮件必须经过安全检查。发现可疑邮件时，安全检查部门应当会同邮政部门开包查验处理。

第三十二条　除国务院另有规定的外，乘坐民用航空器的，禁止随身携带或者交运下列物品：

（一）枪支、弹药、军械、警械；

（二）管制刀具；

（三）易燃、易爆、有毒、腐蚀性、放射性物品；

（四）国家规定的其他禁运物品。

第三十三条　除本条例第三十二条规定的物品外，其他可以用于危害航空安全的物品，旅客不得随身携带，但是可以作为行李交运或者按照国务院民用航空主管部门有关规定由机组人员带到目的地后交还。

对含有易燃物质的生活用品实行限量携带。限量携带的物品及其数量，由国务院民用航空主管部门规定。

第五章 罚则

第三十四条 违反本条例第十四条的规定或者有本条例第十六条、第二十四条第一项和第二项、第二十五条所列行为的，构成违反治安管理行为的，由民航公安机关依照《中华人民共和国治安管理处罚法》有关规定予以处罚；有本条例第二十四条第二项所列行为的，由民航公安机关依照《中华人民共和国居民身份证法》有关规定予以处罚。

第三十五条 违反本条例的有关规定，由民航公安机关按照下列规定予以处罚：

（一）有本条例第二十四条第四项所列行为的，可以处以警告或者3 000元以下的罚款；

（二）有本条例第二十四条第三项所列行为的，可以处以警告、没收非法所得或者5 000元以下罚款；

（三）违反本条例第三十条第二款、第三十二条的规定，尚未构成犯罪的，可以处以5 000元以下罚款、没收或者扣留非法携带的物品。

第三十六条 违反本条例的规定，有下列情形之一的，民用航空主管部门可以对有关单位处以警告、停业整顿或者5万元以下的罚款；民航公安机关可以对直接责任人员处以警告或者500元以下的罚款：

（一）违反本条例第十五条的规定，造成航空器失控的；

（二）违反本条例第十七条的规定，出售客票的；

（三）违反本条例第十八条的规定，承运人办理承运手续时，不核对乘机人和行李的；

（四）违反本条例第十九条的规定的；

（五）违反本条例第二十条、第二十一条、第三十条第一款、第三十一条的规定，对收运、装入航空器的物品不采取安全措施的。

第三十七条 违反本条例的有关规定，构成犯罪的，依法追究刑事责任。

第三十八条 违反本条例规定的，除依照本章的规定予以处罚外，给单位或者个人造成财产损失的，应当依法承担赔偿责任。

第六章 附则

第三十九条 本条例下列用语的含义：

"机场控制区",是指根据安全需要在机场内划定的进出受到限制的区域。

"候机隔离区",是指根据安全需要在候机楼(室)内划定的供已经安全检查的出港旅客等待登机的区域及登机通道、摆渡车。

"航空器活动区",是指机场内用于航空器起飞、着陆以及与此有关的地面活动区域,包括跑道、滑行道、联络道、客机坪。

第四十条　本条例自发布之日起施行。

参 考 文 献

[1] 吴巧洋，丁小伟. 民航概论 [M]. 北京：北京理工大学出版社，2021.

[2] 李华，张根岭. 民航服务礼仪与技能. [M]. 北京：中国劳动社会保障出版社，2019.

[3] 王莹，杜旭旭. 民航服务礼仪 [M]. 北京：北京交通大学出版社，2018.

[4] 吕志军. 民航乘务服务礼仪 [M]. 北京：中国民航出版社，2015.

[5] 胡瑶，彭毅. 民航服务礼仪 [M]. 重庆：重庆大学出版社，2018.

[6] 韩瑛. 民航客舱服务与管理 [M]. 2版. 北京：化学工业出版社，2017.

[7] 何梅. 民航客舱服务实务 [M]. 北京：国防工业出版社，2017.